U0053565

NAME ___ 一個 Auditor
耗掉 8,800 小 時 的 故事

PERIOD ___ Y.E. 2012 ～ Y.E. 2016

AUTHOR ___ 阿 樹

人生

附 設

＊ 四 大 入 職 攻 略

＊ 審 計 術 語 索 引

入座。 本故事改編自現實，如有雷同，歡迎對號入座。 本

目　　錄
INDEX

由於會計準則日新月異、各公司做法朝令夕改,本書中所提及的各種做法僅為作者於任職期間的所見所聞與所學,現實生活中請以閣下老闆的指引為準。

1/ 每一個故事，都需要起點

　　夜空無月，喧鬧的街道維持著自己的節奏，沒有人在意世上是否多了一個無業遊民，畢竟在意自己的人，其實就只有自己。

　　來到最後一天，終於不用再面對某些人和事，隨著電梯徐徐下降，我總算能夠摘下沉重的面具。

　　人的一生，不斷費力前進，卻往往無法看清楚前路，漸漸變成只懂得追趕著眼前那根胡蘿蔔而不停轉圈的，驢。

　　別人為自己定下的不同目標變得有重量，能夠令人安心地繼續轉圈。

　　或許世事就像一個圓，因果糾纏，很難分得出哪裡是起點，哪裡是終結。

　　若要為這個關於社會上其中一片無關痛癢的齒輪的故事定一個起點，大概就是二零一二年十月三十日。

　　當我的 schedule[1] 不再是空白一片那天。

1. 所謂 schedule 和 booking，是因為審計這行業是行項目制（project-base），一個員工全年會在不同的項目中遊走，所以每個人有屬於自己的 schedule 來記錄自己不同的時間在做甚麼項目，在公司的系統中隨時可以查到自己在不同時期有甚麼 booking。而 schedule 中的紀錄，也會在日後需要簽 experience 的時候派上用場。

　　剛剛入職時，總會對自己日後的 schedule 充滿幻想，種種可能和不可能的想像就成為了同事之間的話題。

　　或許要做上市公司的項目，然後因為幫客戶隱瞞假帳而被商業罪案調查科捉走。

　　或許要終日流連在中國不同的城市，漂泊不定。

　　或許盤點的時候要在草原中數羊。

　　只是沒有想過首先出現在 schedule 裡的，就是 IPO 項目。

IPO（initial public offering），即是公司首次公開發行股票，對一個初出茅廬的新人來說，這詞語帶著奇妙的魔力，所以知道自己將要做 IPO 的時候，感覺有點難以形容。

興奮、緊張、不安、期盼、害怕，五味雜陳。

「喂，同事，你好嗎？」Maple 走到豬肉枱[2] 前，她是這個項目的負責人。

「你好。」我站起來跟她打招呼，以示禮貌。

「接下來幾星期你要跟我，幫忙做一項 IPO project。」她不徐不疾地說。

「哦，嗯，好的，」我慢慢坐下，把佔了一個座位的公事包拿開：「坐嗎？」

「不用了，稍後有些事要你幫手，哈哈哈哈。」她笑說，後來我發現她習慣用連續而快速的笑聲為每句說話收尾。

「好的，謝謝。」我點頭。

那時候，我還是一個別人把工作塞過來都會笑著說謝謝的人。

> 2. 一般而言，經理級別的職員才會有自己的獨立座位，其他員工則要共用一張長桌，而這長桌就俗稱「豬肉枱」，初入職的員工未必馬上有 booking，便可以和其他同期入職的同事坐在一塊吹水度日，達至真正的「痴痴呆呆，坐埋一枱」。而在某些時候，例如農曆新年後，幾乎所有人都回到公司時，便有可能出現豬肉枱不夠坐而需要坐在茶水間的情況。

還未正式開始工作，一切仍顯得不實在。

幻想中審計師的工作，大概就是一班穿著整齊西裝的年輕男女，在甲級辦公室的房間裡沒日沒夜地戰鬥，一邊念著難明的術語，一邊進行複雜的計算，最後用計數機和電腦擊破客戶的漏洞和陰謀，這樣吧？

「麻煩你全部單面影印，謝謝。」十五分鐘後 Maple 把一疊文件放在豬肉枱上，留下一個簡單的指令，然後轉身消失在走廊轉角處。

幻想終歸是幻想，現實往往是沉悶乏味的。

影印機運作的聲音、炭粉和油墨的氣味、紙張列印出來時帶著的溫度。

這是影印房的主題。

本來以為影印是一樣很簡單的工作，就算每份文件拆釘、影印、重新釘裝，也不過三分鐘，五、六十份的文件大概也只需三個小時。

沒想到，最後我整個下午都留在細小的影印室裡。

「還沒有印好嗎？」Maple 站在影印房的門前。

「對不起，還差一部分。」我偷偷看錶，原來已經過了兩小時。

「咔咔⋯⋯咔⋯⋯」影印機又發出痛苦的悲鳴。

我連忙把卡了紙的部件拆開，把幾乎夾到變成廢紙的文件取出來攤平，再送進影印機內，順便向 Maple 擠出一個苦笑。

「慢慢吧，印完再找我，哈哈哈。」她轉身離開。

用了一天學會「可以 jam 紙的地方都會 jam」這個道理，到了黃昏我才拿著那疊變成了風琴魷魚般的文件正本和還帶著溫度的影印本找 Maple，換取一句「你可以收工了，明天直接去 client office 吧」。

就像 RPG，完成了一個任務，便會出現另一個。

雖然和想像中的有點出入，但影印，就是我的第一個任務，而 Maple，就是我遇到的第一個 boss。

第二天的早上，離開灣仔地鐵站，穿過新舊交錯的玩具街，經過劣質改圖的蛇王招牌，走過充滿路人的窄巷。

那一年囍帖街已經消失，囍歡里還未出現。

我提著公事包走到盡頭，一幢建在會計師公會旁邊、以發展商為名的商廈，而那發展商正是今次的客戶，P 集團。

從地下大堂無法直達辦公室，必須在中途轉乘另一架升降機，我戰戰兢兢來到辦公室門口，沒有接待處，只有兩道不透光的玻璃門。

我駐足在門前，正打算按下門鈴。

「早晨，」Maple 突然在我身後出現：「這麼早？」

「也不算太早。」我看錶，未到九點半。

「哈哈哈哈。」她的笑聲爽朗得有點不自然。

「嗶。」她拍卡，玻璃門應聲解鎖：「門卡只有一張，明天你按門鐘他們就會開門給你。」

「好的。」我點頭，跟著她走進明亮的辦公室。

「我們的房間在最尾。」她說，走得很快。

「嗯嗯。」我跟她走到圓形辦公室的盡頭，有一間堆滿了文件的房間。

房間內放了一張書桌和三張椅子，Maple 自然是坐在書桌後，而我則坐在書桌前那個雙腳無法伸展的卑微位置。

「Client 打算來年分拆香港的酒店業務來上市集資，如今還在籌備階段，所以請我們來做 special audit。」她開啟電腦。

「哦，」我其實沒有聽懂：「那我要做甚麼？」

記得有人跟我說，出來做事最緊要問清楚自己到底負責做甚麼，然後就只需要做兩件事：

一、努力把工作完成；二、祈求對方沒有欺騙你。

「很簡單，你幫我對數。」她把昨天的風琴魷魚交給我。

「對數？」我接過風琴魷魚，不明所以。

「這是客戶準備分拆上市那些公司的 management account，我稍後把他們的大 con³ 給你，你幫我核對上面的數字，看看有沒有差別。」

「嗯，好的。」我每一個字都聽得懂，但放在一起就完全不明白，唯有等收到電郵之後見步行步。

「真的沒有問題？」她問，似乎把我看穿了。

「我先看一看，有問題再問你。」問題是我連自己的問題是甚麼都不知道。

她沒有答話，只是在電腦上敲敲打打，大約十分鐘之後，我收到幾封她發給我的電郵，到這時候，我總算發現了第一個問題。

「不好意思，」我把電腦轉向她：「請問我要看哪封？」

「哦，等等，」她看著我的電腦：「你打開第一封吧，這個，對，儲存附件，對，這一個是客戶準備的大 con，知道甚麼是 consolidated account 嗎？」

> 3. 大 con、consol 等等都是合併報表（consolidated account）的別名，不同人有不同的慣用叫法。
> 合併報表是指把集團內子公司的財務結果（financial result）橫向加總，再透過各樣的合併調整（例如抵消集團內交易、抵消控股公司的投資金額和子公司的資本等）來體現該集團整體的財務狀態後所得出的報表。

「大約知道。」我點頭，好歹過去的暑假我每天都待在課室，聽了一節又一節的銜接課堂。

「好，你昨天幫我影印的 management account，理論上和大 con 上的數字是一樣的，但你還是幫我核對一次，核對完之後你在影印本上寫上 reference 和 signoff 吧。」她教我打開我們公司的審計軟件：「Reference 就按這一個，然後加上『1』、『2』、『3』，如此類推。」

「好的，我試試。」我把風琴魷魚放在旁邊的空椅子上，整理著她剛才說的話，我猜，對數應該比影印有趣得多。

然而大約在十五分鐘之後，我發現自己錯了。

「呀……」我發現了一堆莫名其妙的差異，正打算問問 Maple，卻發現她滿臉愁容，用保持雙眼盯著電腦的姿勢調整了頭的角度，似乎是等待我的發問。

「咳咳……」我假咳了兩聲掩飾了剛才發出的聲音。

於是 Maple 又回到她的工作世界，而不好意思發問的我只好慢慢的、逐個項目研究，然後把有差異的地方標記起來。

到了午飯時間才對了一份，進度是五十六分之一，這樣下去情況不妙。

「怎樣？有困難嗎？」Maple 問，我和她正在離開辦公室。

「呃，有些地方對不到，」我跟在她身後：「而且我只對了一間，不好意思。」

「哦，也不用道歉，這幾天對完就可以了。」她說，然後是一陣沉默。

升降機緩緩下降，進入升降機內的人滿臉笑容地討論該去哪裡吃飯。

午飯時間的灣仔人來人往，幾乎所有餐廳都要等位。

「會不會是因為 reclassification 的關係呢？」她突然說。

「Reclassification ？」這彷彿是一種武功招式。

「對，有時我們會 reclassify 不同的帳目，下午你看看客戶是否做了 reclassification，應該可以看得出來的。」她說。

「好的。」雖然我仍不知道甚麼是「reclassification」，但似乎有了一個新的方向。

經過了一頓飯的沉默，我們又走在人來人往的灣仔街頭。

「你先回去，我去買點東西。」Maple 把門卡交給我之後，便消失在人群中。

回到辦公室，我繼續對比那份風琴魷魚和電腦中的合併報表之間的差異，卻依舊是一無所獲。

「見鬼了，到底甚麼是 reclassification 呀？」我抓著頭髮。

辦公室的門被打開，Maple 拿著一盒 375 毫升的檸檬茶，剛好看到我迷惘的臉。

「怎麼了，還是不明白嗎？」她身上的香水味比之前明顯濃了很多，大概是用來掩蓋某些氣味。

「對不起。」我低頭。

「哈哈哈哈，道甚麼歉，」她笑說：「其實呢，reclassification 即是把帳目重新分類，所以你看看有差異的地方會不會只是數字調動的問題吧。」

我似懂非懂地點頭，用熒光筆間著對不到的地方，漸漸發現了有時會出現兩處金額相同的差異。

例如長期貸款和短期貸款、行政費用和財務費用，我想這些差異就是由「重分類」所引起的吧？

當然我還未知道為何要把數字調來調去，我只知道默默重複著簡單的步驟，總有一刻手上的工作會做完。

而那一刻，就是 Maple 發現底稿[4]裡多了二百多條 queries[5] 的時候。

「這麼多 Q 是發生了甚麼事呢？」她的表情很驚訝。

「我在每一個有差異的地方都開了一條 Q，大概寫了原因，」我說：「呃，我是不是不應該這樣做？」

「嗯，不緊要的，我先看看。」她很快就回復一貫的表情。

這兩天我總算把五十多份風琴魷魚核對了一遍，而且找出了哪些項目之間做了重分類，直到出現一些無法理解的差異，我便在合併報表裡開 Q。

那時候我不明白她為何一臉不滿，到很後期我才知道，Q 是不應該亂開的，因為 Q 越多代表那 working 的問題越多。

「這裡是甚麼意思？」她把電腦轉向我，打開了其中一條 Q。

4. Working paper，底稿，有時簡稱 working，是審計項目中用來記錄搜證過程和結果的工具，幾乎任何形式的 working paper 都有，例如最常見的 Excel 和 Word 格式，以及紙質文件、照片、截圖等等，working paper 也是 auditor 最後要交的「功課」。

5. Queries，簡稱 Q，是 auditor 的死穴之一。
因為通常在一張未完成的 working paper 中，我們會開 Q 提醒自己，而當 working paper 經過別人的覆核後，對方有不明白的地方或是覺得你有做錯的時候才會開 Q。

「這筆數在 management account 裡是長期貸款，但在合併報表裡卻是短期貸款。」我明明有寫的。

「明白明白，」她沉思了一會：「做得不錯，謝謝你。」

「不用謝。」我低頭繼續工作。

到現在，我仍然記得第一次因為工作被人稱讚的感覺。

或許每個人，都只是在追求從零開始建立一些東西所帶來的滿足感，所以才願意花這麼多時間在堆砌 working 之上。

星期一又回到那個看到馬場的房間，這星期多了兩個 senior，一個是一直和 Maple 共事的 Amy，另一個是有點奇怪的 Sunny。

細小的房間放不下四個人，Amy 只能在房間外的辦公位置，和 P 集團的職員坐在一起。

「Timber，這星期有新任務給你。」Maple 說，似乎對數工作已經完滿結束。

「好。」我回應。

「不過對你而言可能有點困難。」

「不要緊，我想試試。」不知道從哪裡來的自信，即使還未知道新任務的內容，卻覺得自己能夠做到。

「這麼有精神？」她笑問，我卻沒有留意她一臉憔悴。

「哈哈，可能因為休息了兩天。」我說，完全沒考慮到 Maple 這兩天可能都在工作，那麼我這句話就會變成刺耳的風涼話。

「哈哈哈哈。」她的招牌短促笑容傳來：「那麼我 send 幾張 working 給你。」

那一年公司的審計軟件還未改革，所有底稿分成 master 和 carbon 兩個狀態，只有 master file 才可以修改，所以項目負責人就肩負著 master file 的管理，當分配好工作後，就要將相應的 master file 傳送給對方。

幾分鐘之後，我收到一堆新郵件，把郵件中附帶的底稿傳送到審計軟件裡成為了我現時最熟悉的步驟。

「這幾張是關於投資物業估值的 working，我想你幫我找這些物業的 comparable。」她說得很快。

「哦，我先看看。」我開啟其中一張名為「Investment Property Valuation Memo」的底稿，是一份近二十頁的文字檔案。

「你知道甚麼是投資物業嗎？」她停下手上的工作，準備給我上課。

「嗯，公司用來收租的物業？」我依稀記得這個定義。

「沒錯，準備分拆上市的公司持有不少投資物業，client 已經找測量師做了估價，估價報告也給了我們，」她邊說邊從亂中有序的文件夾小山中找出幾份報告：「接下來我們的工作很簡單，打電話給測量師，問他的估價方法、背後的假設、考慮因素，最重要的是他們在過程中，用了甚麼 comparable ？」

「Comparable ？」我不解，對不起我只一個未過試用期卻又自信滿滿的新人。

「通常測量師會用兩個方法來估價：直接比較法和收入法，前者他們比較和估價對象相似的物業，參考它們的成交金額來決定估價對象的公允值；而後者則是把未來的租金收入折現。」她說，大概是看到我一頭霧水的模樣：「放心，我上星期已經打了電話給測量師，給你的 working 也更新了，你只需要幫我上網找那些 comparable 的成交個案作為證據就可以了。」

知道不用和測量師通電話，我馬上鬆一口氣，細看之下，發現備忘錄中某些地方被填上黃色，相信就是我需要更新的參考資料。

「所以我在網上找這些物業的成交，截圖貼在這些 memo 上就可以了嗎？」

「對，在地產代理公司的網頁就可以找到。」

乍聽之下我的新任務難度似乎不高，不一會已經找到一堆交易紀錄。

　　然而，人生就是這個然而，我發現同一幢物業，不同的單位因為面積、高低、坐向等因素都會導致成交呎價有所分別，這樣的話，應該用哪一個作為證據呢？

　　這個問題，當然是問 Maple。

　　「我找到了，但同一物業有不同的交易金額，我應該用哪一個？」我把電腦轉向 Maple，她剛向 Sunny 交待完他的工作。

　　「我看看……」

　　「當然是找最接近答案那一個。」她話音未落，Sunny 插嘴說。

　　只見 Maple 瞪了 Sunny 一眼，旋即露出她那個招牌笑容。

　　「你可以取它們的平均值，也可以用和估價對象最相近的一個，不過，」她稍頓：「也要看看結果和測量師的估價報告有沒有很大的差異。」

　　「哦。」我拿起估價報告，翻到標示了估價對象公允值那一頁。

　　「Comparable 是由測量師提供的，理論上他們是考慮過這些物業才做出公允值的估價，如果我們找到的成交金額和測量師提供的金額相差甚遠，我們便要再向測量師查詢，看看是不是有其他因素要考慮。」

　　「但最後估價報告上的就是答案，」Sunny 笑著跟我說：「測量師也不會出錯，到最後一定會找到解釋。」

　　「為何不會錯？」Maple 也是笑著說：「我們的工作就是去找出他們有沒有做錯。」

　　「對對對，你說怎樣就怎樣。」Sunny 連忙低下頭，沒有和 Maple 辯論的意圖。

　　經過一天的工作，下班的路上仍舊人來人往。

　　「哪裡有電腦，那裡是 office。」她說，灰藍的天空下著毛毛細雨，玩具街的窄巷格外難行。

「嗯嗯，所以你都比較早放工。」我說，雨打在路邊攤的鐵皮屋頂上，叮叮噹噹。

「反正做不完的工作，還是要自己做。」我和她走向地鐵站，Sunny 和 Amy 則往另一個方向等巴士：「但你不用，A1 同事不用太 wok[6]，別忘記我的人工是你幾倍。」

然後又是一陣爽朗的笑聲。

「我會努力的。」想了一會，這是我唯一的回應。

「我知。」她說，雨傘遮蔽了她的眼睛。

擠逼的地鐵上，好不容易才能站穩身子，搖搖晃晃個多小時終於回到屯門的家，就算七點半離開公司，回到家中已經九點，草草吃過晚飯，我便開啟電腦繼續工作。

6. Wok，代表情況很差，可以用來形容 job，可以用來形容人，也可以用來形容地方，基本上任何差的東西都可以用「wok」來形容。雖然出處不明，但我認為比較合理的解釋有「Work without Rest is Wok」，還有 wok 本身是鑊的意思，大概有背黑鍋的含意。

「工作做不完的話，還是要自己做」，大概就是審計這行業的其中一條法則，雖然 Maple 叫我不用太 wok，但把工作遺留給別人暫時還不存在於我的選項裡。

P 集團在荃灣、牛頭角、觀塘等地方都有投資物業，我的工作不過是上地產代理公司的網站，找出測量師用過的估價參考成交紀錄，看看和估價報告上的金額有沒有重大差異而已。

今天基本上已經完成了荃灣的物業，如果今晚能夠完成牛頭角那些，就只剩下觀塘部分，明天一個上午就可以做完。

然而一搜之下，相同地址找到的成交金額竟然和估價報告上的相差幾倍，而去年的結論卻說估價參考的交易金額和估價報告上的公允值之間沒有重大差異。

當我苦惱為何今年的差異會這麼大時，我忽然想到：

「不會吧，難道去年做的人根本沒認真做，放了飛機？」

所謂放飛機，簡而言之就是假裝完成了應做但實際上沒有做過的審計程序，幾乎是每個審計師的必經階段。

一旦有了這想法，腦海不禁浮現出 Sunny 上午說的話，一張底稿的目的，就是為了得出一個既定的答案吧？

心動不如行動，我直接把搜尋器的日期調較到上年。

「拜託，不要差太遠⋯⋯」我暗自擔憂。

不消五秒，網頁便顯示了去年的交易紀錄，結果和去年底稿上的數據完全不同。

我頹然坐在書桌前，盤算著是否應該要跟 Maple 說。

跟她說去年的底稿有問題，可能有人放飛機，而今年也出現了差異，需要再跟進？

還是有其他更簡單、更直接的方法⋯⋯

反覆思量的時間不多，九個小時之後我又回到辦公室。

此時 Sunny 還未上班，房間內只有我和 Maple。

「Maple，有個問題想跟你討論。」我戰戰兢兢。

「係？」她放下檸檬茶。

「我懷疑去年的 working 有問題。」我把電腦轉向她，昨晚我已經把今年和去年的成交紀錄加到底稿中：「我找了兩年的成交紀錄，金額相差很遠。」

「不會吧，應該有很多人 review 過的。」她半信半疑地接過我的電腦。

「我也不肯定，但真的差很遠。」

過了一會，她露出一個想說粗口的表情，說：

「同事，你找這個是地舖的資料，但我想要的，是辦、公、室。」

我忘了我當時的回應，大概是連忙道歉然後取回電腦默默工作，並且盡量把頭埋在熒光幕前，不和她有任何眼神接觸。

這個故事給了我一個教訓，就是不要隨便質疑別人放過飛機，因為遇到奇怪的情況而質疑人做錯時，錯的人多半是自己。

犯錯和失敗有時是學習的捷徑，至少我不會再弄錯街舖住宅辦公室，第二天便把底稿完成並交給 Maple。

「麻煩你了。」她嘴角上揚，大概是想起我犯的錯。

「不麻煩，今次應該 OK 的了。」我說。

「Sunny，你呢？完成了沒有？」她回頭向 Sunny 說。

「差一點差一點，明天給你。」

「你那張應該很簡單的，不是只需要 copy and paste 嗎？」

「是這樣沒錯，不過……」他一臉有口難言的表情：「明天，明天一定可以。」

最後 Sunny 好像拖到星期五，亦即是他最後一天 schedule 才交功課。

「Timber，你覺得我給你的 working 難做嗎？」Maple 問。這個星期只剩下她、Amy 和我，Maple 亦開始給我其他的任務。

「嗯，我覺得還好，因為客戶給的資料和我們 working paper 的格式相同，我只是配對和搬字過紙而已。」

「因為客戶本身就是把我們的 working 更新完再給我們，基本上我們只需要檢查 formula 有沒有錯，以及補回相應的 audit work done 就可以了。」她啜了一口檸檬茶。

她仍然是每天一包檸檬茶，仍然是掛著她的招牌笑容，仍然是一臉憔悴。

「沒錯，之前年審也是這樣。」Amy 說，她和 Maple 都有做 P 集團的年審。

「但為何這樣都可以做錯呢？」Maple 臉色一沉：「那個 Sunny 不是 senior 嗎？連這麼簡單的東西都可以做錯，簡直不知所謂。」

Maple 把電腦轉向我們，在一個應該直向加總的數列中，底下的「total」理應是一條總和的公式，但 Sunny 做的底稿卻沒有公式而只有實數。

「這個數可以對上其他 working，但整條 formula 是錯的！」Maple 選擇了整個數列，Excel 下方自動出現了加總數，和數列中的「total」完全不同。

「那傢伙只是把其他 working 中的數字搬到自己的 working 中，只求 tie 數[7]，內容卻完全沒有更新。」

「不會吧？」Amy 瞪大雙眼：「要不我幫你改一改？」

「不用了，我自己來。」說罷，房間又回到寂靜。

而我則趕緊檢查手中的底稿，免得成為她口中的「不知所謂」。

日子一天一天過去，四個星期的 schedule 也漸漸進入尾聲，最後的一兩星期除了幫 Maple 更新一些簡單的底稿，就是當跑腿，有時去銀行取文件，有時到其他樓層找不同部門的人取不同的資料。

工作總會做完，尤其是我這個階段，不用負責太多，不用凡事掛心。

7. Tie 數，當同一個項目出現在不同的 working 中，因為是同一個項目，理論上金額都會一樣，但由於 working 眾多，又未必每一張都是最新的版本，所以便要花時間檢查每張 working 上的數字是否一致。公司的審計軟件其中一個功能是在數字旁邊加上「等號」標誌，若兩張 working 的數字不一致，就會變成「不等於符號」，方便檢查。

放了工，就真的放工。

「你打算長做嗎？」Maple 問我，下班時間的地鐵站總是很多人。

「我打算先做五年，之後再看情況而定。」我搬出面試那一套回答。

「哈哈哈，你是『叻仔』，一定可以做上去的，」她笑說：「不過小心別太快出名，在公司出名不是好事。」

「喔？」我不明白。

「遲一點你就會知道了，那些表面對你很好的老闆們，骨子裡多半是壞人。」然後是一陣爽朗的笑聲：「哈哈，不要跟別人說。」

「哈哈，知道。」我微笑：「那麼你呢？打算怎樣？」

Maple 今年是 s3，過了今年就應該會升經理。

「我怎樣？還可以怎樣？唯有繼續做呀，還差一年而已，」她苦笑：「這一年他們不會放過我的。」

後來我才知道她口中的「他們」就是負責 P 集團這項目的兩位高級經理，Maple 全年基本上只會做兩三個項目，單是 P 集團就佔了大半年。

大概今次的 IPO 項目，就是她升經理前的最後一個試煉吧？

轉眼去到 schedule 的最後一天，一個陰沉的星期五，離開辦公室之前，我還特意寫了一封感謝電郵，有禮貌得連自己都想取笑自己。

灣仔地鐵站前仍舊人來人往，人生第一隻 job，就這樣完結了。

回想起來，當時的我努力工作，可能只是為了滿足別人的期望，和得到別人的一句廉價的讚賞。

2/ 去泰國出 Job，其實不難

經過了連場惡鬥，鋼鐵人在千鈞一髮間把導彈推到外太空，但我還來不及看到大團圓結局，座位椅背上的細小熒幕便強制切換成其他畫面。

「飛機即將抵達曼谷國際機場，請各位乘客返回座位，並扣好安全帶……」機內傳來廣播，電影暫停播放。

我把外套塞進背包，畢竟一月泰國的天氣仍然炎熱，和還是冬天的香港有著十多度溫差。

「差不多落機，入境表格填好了嗎？」坐在我後方的 Vien 說，她是今次 W 集團審計項目的現場負責人。

「嗯嗯，填好了。」坐在我旁邊的 Sue 說，她比我早一年入職。

「可以借筆給我嗎？」剛睡醒的 Jackie 說，他是 W 集團的會計部經理，今次和我們一起到泰國進行現場審計 8。

我在狹窄的座位上伸了個懶腰，從電影中回到現實，不安感又再次浮現。

> 8. 現場審計，fieldwork，又稱為「落 field」，即是到客戶的辦公地點，執行審計程序，例如檢查文件、視察廠房、和客戶管理層會面等。除了香港外，最常見要去的地方就是中國，當然視乎情況也有人以出差之名去過東南亞，甚至歐美地區。

十一月底 P 集團的 schedule 結束，我輾轉做了兩天小型項目便開始放假準備考試，過著每天溫書偶爾打籃球的生活。

假期中的某天，我坐在籃球場旁邊用電話查閱電郵。

這個動作可以為剛踏足社會工作的人帶來夾雜著虛榮的優越感，但同時令我聽不到別人的提醒，被籃球狠狠砸在我的臉上。

「喂，沒事吧？」Jason 把幾乎從長椅上掉下來的我扶住，他是我的中學兼大學同學。

「沒事……」我摸摸鼻樑。

「看甚麼這麼入神，工作嗎？」Jason 看到我電話中的 Outlook。

「我下個月要去泰國出 job。」我剛收到 Vien 的電郵通知。

「這麼好？」

「一點都不好，」我低頭說：「我怕我應付不來。」

「怎麼會呀，你不是做了幾個月了嗎？」

「你不明白的了，之前做 IPO 好像很厲害，但其實我當時負責的工作和一般項目要做的工作完全不同，不說別的，我連一次 testing[9] 都沒有做過。」我用力按壓手指的關節，一個改不了的壞習慣。

「船到橋頭自然直，可能很簡單呢。」Jason 拍拍我肩。

「希望吧。」

「來鬥波吧，今朝有酒今朝醉。」

帶著這份「淆底」的心情完成了 QP 考試，在假期完結後的第一天登上了開往曼谷的國泰航機。

9. Testing，抽樣測試，主要是透過抽查交易紀錄和相應的證明文件（supporting document），例如發票、收據、送貨單、銀行回單等等來確保交易的真確性。基於難度和性質的考慮，通常 testing 都由年資最淺的同事負責。

飛機一陣顛簸，降落在盛夏一樣的地方。

我們一行四人提著行李走到機場大堂，一直去到五號出口，便看到身穿 W 集團制服、外貌和藝人黃栢文有點相似的人，拿著一個寫滿人名的紙牌在等待。

「他是譚朗，是泰國分公司的會計經理。」Jackie 介紹，對方是泰國人，而「譚朗」則純粹是他名字的音譯。

「這邊請。」譚朗用英文示意我們到外面，不遠處停著一架黑色七人車，登上儼如烤箱的車，泰國審計之旅正式開始。

「我們集團在泰國有三個廠房，總部是 W1，離機場最近，大約廿分鐘內可以去到，」Jackie 說：「至於 W2 和 W3 就很遠，開車起碼要一個半小時。」

「我們今天主要任務是 stocktake[10]，你們先到總部安頓吧，我和 Sue 打算直接去 W2 和 W3。」Vien 說。

七人車在公路上奔馳，路旁漸漸看不到泰王的肖像，取而代之的是大型超級市場和放滿建築用車輛的工廠。

譚朗在一處油站停車，帶我們到油站旁的餐廳。用餐時，Vien、Jackie 和譚朗談笑風生，Jackie 一副「吹水不抹嘴」的模樣侃侃而談，而譚朗則是以笑回應，一直「哈哈哈」和「can can can」。

不過到後來我們才發現，譚朗多數是不懂裝懂，又或是懂卻裝作不懂。

喝完那杯甜得過份的泰式奶茶，回到車上 Vien 便開始向我們交待 stocktake 的事，今次的情況似乎和平時的 stocktake 有點不同。

「因為 W 集團是新客戶，我們沒有去年的資料和 working 可以參考，今次 stocktake 的 sample size[11] 也要去到現場才可以決定，」Vien 說，然後把一份關於抽樣數量計算的指引交給我：「你知道怎樣計算 sample size 嗎？」

「呃，大約知道。」我接過小冊子，其實 Vien 上機前，甚至昨天打電話給我約定見面時間的時候都講解過一次。

「很好，materiality[12] 我大約計算了，雖然並非最終數，但可以先用，」

---

10. Stocktake，盤點監察，通常在客戶年結當天進行，一般公司的內部控制指引會要求在年末時進行盤點，而審計師則監察過程並抽樣盤點，以確保客戶的存貨資料沒有重大紕漏。

11. Sample size，抽樣數量，是指考慮某項交易或帳目結餘的重要性之後，決定抽樣檢查的數量，只有在少數情況下審計師會檢查所有交易（full sample checking）。計算 sample size 時，會以對象總數（population）除以重要性水平（materiality level），得出此比例後再參考由公司技術部門製作的 sample size table，找出該比例對應的抽樣數量。

12. Materiality level，重要性水平，materiality 是一個相對的概念，比如對我來說一千元是重大的金額，但對世界首富而言一千元不過是一個微不足道的數字，同樣地我們需要衡量一家公司的大小，例如年度銷售是多少、稅前利潤是多少、資產淨值是多少，才能判斷甚麼事情甚麼金額對於一家公司是「重要」。
於是在每一個審計項目正式開始時，都要根據該公司的性質定下指標，例如銷售額，再根據金額取一個百分比得出一個數字，然後再扣除預期會出現的 misstatement（錯誤），便可以得出一個 materiality level。

Vien 說：「你們多盤點幾隻做後備吧。」

「知道。」我和 Sue 同時說。

轉眼間車子已經駛進 W1 的停車場，Vien 和 Sue 剛下車便登上另一架房車，分秒必爭，而我和 Jackie 則跟隨譚朗進入辦公室。

W1 的一樓是廠房和停車場，而辦公室則在二樓。

「可以讓他們先準備存貨清單嗎？」我故作鎮定，說出在腦中反覆練習過的台詞。

「當然可以。」Jackie 放下背包，走到 W1 職員的辦公位置，不一會便拿著幾份還暖的文件過來。

「謝謝。」我接過存貨清單，卻發現了一個問題：「咦，怎麼沒有金額呢？」

「不會吧？我看看，」Jackie 一手搶過清單：「真的沒有，我叫他們再做一份。」

我點點頭，手中握著 Vien 給我的小冊子，已經準備好紙筆和計算機，不斷默想著計算抽樣數量的步驟。

之前幾次的 stocktake 都是由 senior 預先決定抽樣數量，在現場取得存貨資料再自己計算還是第一次。

「可以了，這一份有存貨價值，最底是總和。」Jackie 拿著另一份文件走過來，他身後跟著兩名泰國職員。

「可以走了嗎？」其中一名泰國職員用生硬的英文問。

「先等一等。」我說。

本來打算重新加一次清單上的存貨金額，以確保總數無誤，但可能太緊張，連續幾次按錯計算機，之後便放棄了，直接計算抽樣數量。

身後職員們的目光形成壓力，連空氣都彷彿被抽走了。

我在紙上抄抄寫寫，按著步驟計算抽樣數量，得出了原材料、半成品和成品各自的抽樣數量之後，就開始在存貨清單上抽選樣本。

清楚知道自己的下一步，便漸漸不再緊張。

「Stocktake 呢，記著要從兩個方向 take，即是『list to floor』和『floor to list』。」上次 stocktake 時 senior 如是說道。

「List to floor」即是從存貨清單上挑選樣本，再檢查貨倉是否真的有那些存貨，以確保存貨真實存在；而「floor to list」則是相反，從貨倉抽查存貨，再追溯存貨清單是否有正確地記錄著這批存貨，以保證存貨清單的完整性。

於是我先在存貨清單上挑選金額較大的貨物作為「list to floor」的抽樣，用黃色熒光筆做記號。

「可以了。」我疊好手上的清單，把計數機等文具放好。

「好，出發！」Jackie 說，和其他職員一起帶我到工廠。

「你抽了哪些樣本？我讓他們帶你去點貨。」Jackie 說。

「好的，麻煩你。」我把做了記號的清單交給泰國職員，他寫下我抽樣的存貨編號之後，便帶著我們在過萬呎的工廠中四處行走。

W 集團的產品主要是包裝用的紙皮和紙箱，按紙皮的厚度和硬度分成幾個等級，從最高的三層夾板瓦楞紙皮到單薄的單層紙皮。

一疊疊動輒有過百，甚至過千片的紙皮放在工廠內，逐片數的話恐怕要數到明天。

「有間尺嗎？」我問其中一位倉庫員工。

他先跟另外一位員工對望，之後才從褲袋中拿出一卷軟尺。

為了節省時間，我先量度一片紙皮的厚度，再量度一疊紙皮的厚度，兩者相除就可以得出一疊紙皮的數量。

雖然這方法不是百分之百準確，但些微的差異應該無傷大雅吧？

一直數一直點一直量度，我甚至幫每件盤點過的貨物拍照記錄。

　　倉庫職員不斷用泰文跟我交談，彷彿他們只要用心地、認真地跟我說，我就會突然聽懂一樣。

　　當我盤點到中途，來到一個佈滿灰塵的貨架時，一條灰綠色的繩掉到我的腳邊，然後那「繩子」快速地爬進貨架的底部，消失得無影無蹤。

　　過了幾秒之後我才意識到，那條在我額前擦過、在我腳邊爬走的「繩」，其實是蛇。

　　「哈哈哈！」倉庫職員甲豪邁地笑。

　　「哈哈哈！」倉庫職員乙豪邁地笑。

　　「哈哈哈……」我也只好跟著苦笑。

　　或許在泰國，有蛇無故出現是一件值得大笑的事。

　　「請問這一批貨物在哪裡？」我指著清單上一批數量奇高的貨物。

　　倉庫職員們面面相覷，又拿著清單一臉苦惱，時而揮手時而說著一堆他覺得我聽得懂的泰文，我只能在他們的發音中勉強聽到「譚朗」這個名字，大概是要我去問譚朗吧？

　　「那怎辦？」我問汗流滿面的 Jackie。

　　「唯有問譚朗吧。」他一臉不在乎。

　　於是我和他又回到二樓辦公室，當譚朗看到清單上那一批貨物，又是露出一個尷尬的苦笑，一邊揮手一邊用英文說「明天」和「不在這裡」。

　　遇上這種情況我唯有跳過這一批貨物，遲一些再跟 Vien 報告。

　　夕陽西下，工廠中飄揚的塵埃變成了奇特的景致。

　　把清單上挑選的貨物點了一遍，也在倉庫中隨機盤點了一堆貨物來確保清單上的資料齊全，總算是完成了「list to floor」和「floor to list」兩個抽樣方向。

回到辦公室，看到 Jackie 早就坐在冷氣機底下。

「點完了嗎？」他明知故問。

「對呀，我們等 Vien 她們回來？」我整理好清單，放進背包。

「她們打過電話來說不用等她們，似乎還未點完。」他說：「我們先到酒店 check in 吧。」

「好的。」我沒有意見。

Jackie 走到譚朗的座位前跟他說了幾句，譚朗突然變得眉飛色舞，大概是因為終於可以下班。

始終審計師的存在，就是不斷給客戶提供問題和麻煩。

「走吧！」Jackie 提起背包，愉快地跟著譚朗走下樓梯。

W1 位於曼谷外圍一個叫班納的城市，譚朗說 W2 和 W3 則位於曼谷和芭提雅中間一個鳥不生蛋的地方。

這次泰國之旅歷時共十天，頭幾天計劃在 W1 總部，之後才到 W2 和 W3，所以這幾天的酒店就在班納，距離 W1 只有十五分鐘的車程。

譚朗載著我和 Jackie 前往酒店，稍事休息後便和 Jackie 去吃晚餐，因為 Vien 和 Sue 才剛剛在回到班納路上，至少也要個半小時。

「我們先去吃晚飯吧，她們說不用等了。」Jackie 說。

「好呀，我沒有所謂。」

我們沒在酒店的餐廳用餐，而是在完全分不清方向的班納中胡亂行走。

酒店附近幾乎沒有營業中的餐廳，只有寥落的車站和破舊的天橋，我和他一直朝著有燈光的方向前進，卻只看到油站和油站旁的麥當勞。

「你們出 job 有津貼嗎？」Jackie 咬著巨無霸。

「沒有啦，我只知道 K 那間有，但在外地的使費則要自付，」我吃著充滿泰國風味的脆辣雞腿包：「我們公司有兩種做法，要麼自己預付，回到公司再按單據報銷，要麼預支現金，最後用剩的錢連同單據還給公司。」

「那麼你今次是哪種方法？」

「預付呀，據我所知不同組有不同慣例。」公司審計部門分了很多組，離離合合，而今年剛好經歷了合併：「你們呢？」

「每天三百，」他用手指比了一個三，然後故意壓低聲線：「有時還可以報銷。」

「這麼爽？」

「是你們慘而已，」他啜了一口可樂：「我以前做 audit 也沒這麼慘。」

「你以前做過 audit ？」

「對呀，往事了。」

就這樣，一個新人和客戶的經理胡言亂語談天說地，渡過了在泰國的一頓晚餐。

回到酒店，梳洗之後便開始做關於 stocktake 的兩張底稿。

一張用來記錄存貨抽樣的資料，例如存貨編號、金額、數量、描述等等的「Stock Count Sheet」；另一張則是描述貨倉和存貨狀態的備忘錄，例如貨倉環境、存貨是否有破損之類的「Stocktake Memo」。

我按照下午點貨時得到的資料填寫，順便把照片傳送到電腦，當工作進行到一半，熒幕中彈出一個 Skype 的新視窗。

漫長的一天還未結束。

大約半小時後，門鐘響起，Vien 和 Sue 正站在門外。

「今天 stocktake 有遇到問題嗎？」Vien 問，我請她們進入房內，並搬

來了兩張椅子，我自己則坐在床邊。

「有一個問題。」我把有貨品點不到的事告訴 Vien。

「這麼奇怪，唯有明天再問清楚吧。」Vien 拿出筆記簿：「那麼我來說說今次 field audit 我們要完成的任務和工作分配吧。」

拉開房間的窗簾，可以看到班納市內早晨的風景，沒有遮天蔽日的高樓，只有被薄霧籠罩的平房和工廠。

泰國冬季的早上大約二十多度，是最適合人類生存的氣溫。

吃過酒店的早餐後，W1 的員工已經在大堂等候，他是位身型和髮型都和武僧一樣的中年男人，在這段時間負責我們的接送。

「早晨，各位。」轉眼回到 W1，另一位滿頭白髮的中年人站在門前迎接我們，禮貌地和 Vien 握手。

「他是桑普，是 W 這邊的副總經理。」Jackie 給我們互相介紹：「總經理下午也會來這邊，我們晚一些再跟他打招呼。」

「你們有甚麼需要，隨便開聲。」桑普說，他的英文明顯比其他人流利。

寒暄一番後，桑普帶我們到辦公室角落的會議室，安頓好之後我馬上開啟電腦，雖然今次的旅程還有個多星期，但我不認為時間充裕。

因為不意外地，我要負責所有 testing。

「Sue 你幫一幫 Timber，看他有沒有甚麼不明白的地方。」Vien 說罷，拿著筆記簿準備離開會議室。

「OK。」Sue 走到我旁邊：「你之前有沒有做過 testing？」

「沒有……」我尷尬地說。

「噢，你之前是做 P 集團的 IPO，所以沒有做過 testing 也是正常的。」

「你知道？」

「Maple 提過，哈哈。」

「她怎麼說？」我很在意別人對自己的評價，從小開始便是這樣。

「放心，沒有說你壞話。」她笑說：「說回正題，今次的 testing 頗多，因為 W 集團是我們的新客戶，程序上要做多一點工夫。」

「係。」我從背包拿出筆記簿。

「一般我們做審計時只會針對當年發生過的交易，因為一直都由我們審計的話，去年發生的事已經『audited』，已成定局，多數不會被推翻，」她稍頓再說：「但由於這個是新項目，去年不是我們擔當審計師，所以我們便要做 opening balance audit。」

「係。」我把她說的話抄進簿中。

「但其實所謂 opening balance audit，我們要做的也只是做 opening cutoff testing，做法和平時的 cutoff testing[13] 一樣，不過是針對去年的交易而已。」

「係。」我開始聽不明白。

「況且今次我們主要是做 planning[14]，所以主力還是 test of internal control[15]。」

「係。」我繼續抄寫。

13. Cutoff testing，截止測試，著眼於某項交易的發生日期，例如客戶的年結在十二月，就會抽查期末（十二月）以及期後（一月）的大額交易，以確保客戶記錄的交易金額沒有出現跨期的現象。

14. 整個審計流程大致可以分成：Planning（計劃）、Fieldwork（現場審計）、Reporting（報告）和 Follow up（跟進）四個階段，在不同階段中有不同的工作和程序。
　　Planning，是審計過程的前期階段，一般在年結前進行，主要著眼於了解客戶的內部控制程序、潛在風險、公司架構變動等等，以協助年終審計制訂相應的措施，但礙於時間和人手的問題，有不少項目的 planning 其實和 fieldwork 同時進行。
　　Fieldwork 詳見注解 8。
　　Reporting 則是完成 fieldwork 後，重點放在審計報告和跟客戶的溝通之上，例如在審計中發現了多少重大錯誤、給客戶管理層的意見和準備管理層聲明書等等。有時項目規模較大，牽涉到其他審計師時便需要向他們報告審計的發現。
　　至於 follow up，就顧名思義是 follow up。有人認為雙方老闆簽署審計報告和財務報告後，審計過程便告一段落，但事實上礙於種種監管和條例，有時即使有未解決的問題、未完成的程序和未覆核的 working，報告仍能如期出具，所以 follow up 的階段往往是最痛苦的。

　　「至於實際做法也很簡單，因為 testing 的 template 已經做好了，你只要跟著 template，找出相應的資料來更新就可以。」

　　「那麼我第一步應該怎樣做？」我問。

　　「做 testing 第一步就是取得客戶的 general ledger[16]，之後你才可以抽樣檢查 GL 中記錄了的交易，看是否真的有發票、送貨單和收貨單之類的文件和證據支持，」她說：「然後你的工作只是記錄這些資料，很簡單對吧？」

　　「我試試看。」我打開 Vien 早前傳送給我的 master file，只見到有一堆不同名稱的 testing、testing 和 testing。

　　「客戶之前已經提供了 GL，待會兒給你一份，有問題再問我吧。」

　　在泰國的時間總共有十一天，扣除來回兩天和中間夾著的星期日，真正可以工作的日子只有八天。

　　Vien 打算先在 W1 待三天，然後在 W2 和 W3 各兩天，最後一天回到 W1 安頓整理，實際上能夠工作的時間，其實不多。

　　我一直在想，要是工作不能完成，那怎辦呢？

　　要是這些測試無法做完，那又怎辦呢？

　　在審計師的世界中，大概沒有「不能完成」這四隻字吧？

　　無論如何都要在限時之內完成工作，這是審計師們給自己的制約，同時也是客戶的期許，就像是一場橫跨數天的考試，不能完成的人就會便淘汰，剩下的人都是在壓力下有著卓越發揮的精英。

　　當時的我，是這樣想的。

　　「不好意思，我想一個問題。」才剛開始工作便遇到問題。

　　「係？」Sue 也開始做她的工作，好像是要了解 W 集團的內部控制程序。

15. Test of internal control，內部控制測試，著眼於測試客戶的內部控制程序是否有效（operating effectiveness）。
16. General ledger (GL)，總帳，是客戶的會計紀錄，一般按時序和帳目分類，記錄了全年發生的交易資料。

「我想問這些 testing 要做多少 sample？跟 stocktake 一樣要另外計算嗎？」

「噢，不用的，如果是 control testing，三家公司合共做二十五隻，如果是 cutoff 就視乎情況，我們組的慣例是大於 threshold[17] 的都要抽查，」Sue 看一看 Vien，見她沒有補充就繼續說：「所謂 threshold，就是重要和不重要的分水嶺，少於這個金額的交易全部視作不重要，就不用浪費時間檢查。」

「知道，謝謝你。」我點頭。

當然，二十五隻抽樣背後藏著一套審計方法學，但那暫時不是我需要知道的事。

對著深淵一般、動輒過千行而且夾雜著泰文的 GL，才完成了兩張 test of control 的抽樣就已經到了下午六點，辦公室就只剩下譚朗、桑普和下午才出現總經理蘇明。

大概就只有病態的所謂先進城市才會崇尚無止境的加班，即使工作已經完成都一定要留在辦公室裡，不然就是不夠盡責。

雖然諷刺地，回到酒店後還是要繼續工作。

抽樣本其實不難，因為存在著不可違抗的法則：

做關於收入的測試，就用記錄了收入交易的 GL。

做關於支出的測試，就用記錄了支出交易的 GL。

抽樣本不難，但花時間，當年公司把抽樣數量的上限設定為七十五，簡單算術，如果抽一隻樣本要一分鐘，抽七十五隻就需要一小時十五分鐘。

雖然 test of control 只需要抽二十五隻樣本，W1、W2 和 W3 平均每間公司抽八到九隻，但樣本要涵蓋十二個月，又要包含不同性質的交易，單是平均分配每一間公司的抽樣，就花了我不少時間。

17. Threshold，是按照 materiality level 的某個百份比計算，任何少於 threshold 的金額都可以視作不重要，即使有錯也不用改正；反之，大於 threshold 的交易或帳目結餘就是 material。

如果我不好好利用在酒店的時間，在辦公室可以花在檢查交易文件的時間就會減少，這是我對工作的時間管理。

只要是發生過的事，必然會留下痕跡。

審計師的工作就是去調查客戶紀錄上那些「發生過的事」，找出相應的「痕跡」，而抽樣測試，就是其中一個尋找痕跡的方法。

「如果你抽完 sample，就可以開始抽單，」Sue 說：「所以你問問她們 voucher[18] 放在哪、編號怎樣看就可以了。」

我跟著 Sue 在辦公室內繞了幾個圈，接觸了不同部門的職員，但主要是靠會計部的 Kelly 和其他人溝通，因為她是英文較好的員工。

Kelly 把我帶到辦公室另一個角落的鐵櫃前，那裡放滿了黑色文件夾，文件夾中則是一疊疊的單據和發票等文件。

如果要用兩個字來形容第一年做審計的生活，肯定就是「抽單」。

「不好意思，借一借過。」我捧著兩箱文件回到會議室，Kelly 和另一位職員亦跟在我的身後，幫忙搬運。

「哇。」Vien 露出驚訝的表情，因為我搬進來的文件已經佔據了半間會議室。

「因為要做 opening balance 的 testing，所以把去年的資料都搬出來。」我一邊解釋一邊向 Kelly 她們道謝。

辦公室內的鐵櫃只有足夠空間存放當年的憑證，去年的憑證通通送到倉庫裡，唯有拜託她們幫我運出來。

Sue 說得沒錯，做 testing 其實很簡單，只要按著步驟由 GL 開始鎖定要檢查的交易，再找出憑證，然後記錄資料就完成，無論數量多與少，完成都只是時間問題。

但當然，前題是客戶的紀錄整齊。

18. Voucher，憑證或傳票，是公司用來記錄經濟活動，確實經濟責任的書面證明，理論上每張憑證都會有順序的編號，記錄了交易的發生日期、金額、牽涉的帳目和描述，而且有關部門的人員需要在憑證簽名蓋章，表示該會計憑證是真實、正確和合法。會計人員一般會把該交易的證明文件釘裝在憑證的背後，但也有時候只得一紙憑證，甚麼 supporting 都沒有。

　　基本上除了 search for unrecorded liability testing[19] 要從四個方向出發比較麻煩之外，其他 testing 都能夠順利完成，雖然 search for 這張 testing 其實充滿陷阱，但那是後話了。

　　在泰國的第一個星期完結，我總算在日落之前了完成了 W1 的所有 testing，雖說行程的最後一天會回到 W1，但未能如期完成工作的感覺總是令人生厭。

　　臨走時譚朗和 Kelly 走過來跟 Jackie 談了一會，起初以為他們在討論工作的事，但原來他們安排了星期日的觀光行程。

　　「就是這樣，所以明天他們會來接我們，由武僧做司機帶我們觀光，Kelly 也會同行。」Jackie 一邊挖著 Cold Stone 的炒雪糕一邊說。

　　他說三百元的津貼怎樣花都花不完，所以每天在商場晚餐後他都會吃不同的甜品，畢竟泰國的物價不高，就算是在專攻遊客的商場吃飯價錢也很相宜。

　　「我不去了，」Vien 說：「我有親戚住在曼谷，我明天去找他們。」

　　「那麼我們三個去啦。」Jackie 笑說，而我和 Sue 當然只有點頭贊成的份。

　　星期日的早上和平時上班差不多的時間集合，本來 Kelly 打算帶我們到皇宮參觀，但突然改變了主意，最後去了一座我喊不出名字的大型寺廟。

　　武僧司機全程雙手合十，低頭默禱，甚有武僧風範，而我只有做好一個觀光客的本分，四處拍照和敲鐘。

19. Search for unrecorded liability testing，用來測試客戶有沒有隱藏或者漏掉的債項，一般會向四個方向出發：1、After year end payment（期後付款）；2、After year end purchase & expenses（期後購貨及支出）；3、Before year end debit to creditor（期末債權人貸方減少）；4、Unprocessed invoices（未處理發票）。這四個方向環環相扣，經常令人中伏。

　　後來去過中國不同的城市出 job，才真正感受到不同地方的「好客之道」是不同的，對一個剛畢業的大學生來說，大概就是這一行最大的得著。

休息了一天，星期一一早便要出發去 W2，在途中還要接一名我們在泰國分所的員工，據 Vien 說因為礙於言語不通，她們在了解 W 集團的內部控制時遇到不少阻滯，於是今次的 MIC（manager in charge，項目經理）向泰國分所找幫手，讓泰國這邊派一名員工過來負責翻譯。

然而那位泰國同事卻迷路了。

武僧司機約了他在某個位置上車，但遲遲未見他的蹤影，結果在市內兜兜轉轉了好一會才找到他，到達遙遠的 W2 時已經是中午。

草草吃過午餐我便向會計部職員要求我需要的資料，還好有了在 W1 的經驗，加上兩間公司的文件格式和內容大同小異，取得 GL 後抽樣本和查找單據都非常順利。

唯一不同於 W1，這邊把幾年的憑證全都放在同一間房內，我在壁虎和蜘蛛的陪伴下，在這間充滿紙屑和塵埃的房間中渡過了一個下午。

直到黃昏時分，我才收拾東西回到會議室，但在走廊上已經可以聽到吵鬧的聲音。

「你怎麼可以這樣？」隔著會議室的門都可以感受到 Vien 的怒氣。

我輕力推開門，會議室內的氣氛凝重得連空氣都忘了流動，我回到自己的座位，低下頭整理剛才做的 testing，不敢多問半句。

「你的工作是協助我們，不是替客戶隱瞞！」Vien 用力把一份合同放在桌面上，泰國同事則一臉不爽。

「算了，走吧。」Vien 說，提起手袋就離開會議室。

W2 的員工安排了車送我們回到酒店，由於 W2 和 W3 的位置太荒蕪，這一帶除了一望無盡的空地之外就只有廠房，最近的酒店就只有一家高爾夫球會所，晚餐也只可以在酒店內解決。

不用多說，晚餐時的氣氛極差。

後來我聽 Sue 說，W2 的職員拒絕提供某些文件，但泰國同事不單沒有繼續和對方爭取，反而和對方站在同一陣線，嘗試說服 Vien 放棄，所以也難怪 Vien 這麼氣憤。

結果星期三那天泰國同事就說他被調到其他項目，要先行離開，反正沒有用的棋子也沒有留下來的原因。

到達 W3 之後基本上我只是重複之前做過的工作，熟能生巧，掌握了從 GL 中抽取樣本的技巧和熟習了客戶存放文件的模式之後，做 testing 的速度便越來越快。

而最重要的，是把午飯後休息的時間減到最少。

所以到了星期五的下午我已經完成了所有的 testing，出發前的不安和自我懷疑突然一掃而空，自我感覺良好，但這一刻往往也是最容易犯錯的時候。

「Timber，如果你手上的 testing 做完了可以幫我一個忙嗎？」Vien 問了一條有既定答案的問題。

「好的。」後來有人跟我說，千萬別跟別人說你手上的工作已經做好。

「我 send 一張 working 給你，需要記錄所有做過這項目的人名和 signoff，你可以到公司系統裡找到名單，但各自的 signoff 需要逐一問。」

「好的，沒問題。」所謂 signoff 是每一名員工的簽名，在做好的 working paper 上需要簽名，可算是一種問責機制。

公司內聯網中可以找到曾經做過 W 集團這項目的各單，我根據名單逐一用 Skype 詢問，而並不在線的人就用電郵，最後就只剩下老闆，即是 engagement partner。

老闆，對於一個連試用期都未過的新人來說，是神明一樣的存在。

我望著 Skype 的對話框，用盡我認為最有禮貌最恭敬的文句請她提供她的簽名。

忘了是十秒還是十分鐘，我盯著對話框，重新理解了「淆底」的定義。

然而，不問不問還需問，我鼓起全身每個細胞的勇氣拍下輸入鍵，那句子透過肉眼看不到的電波送到老闆的電腦中。

我仍然看著對話框，出現了「對方正在輸入訊息……」，彷彿能夠聽到自己的心跳。

「我不明白，為甚麼你需要我的簽名？」對話無聲地出現。

人的腦袋真的會有一片空白的時候，大概這是面臨危機或是絕望時，為了保護自己的自我防衛機制。

當下我甚至看到了逆向走馬燈，開始預見到自己因為太糗的關係無法升職，然後一傳十十傳百，成為辦公室糗事傳說的其中一名主角。

儘管如此，我還是垂死掙扎，嘗試解釋我是誰、在做甚麼項目、在做哪張底稿、需要甚麼資料等等，然後另一個對話框閃爍不定，令我脆弱的心臟再受到刺激。

一打開，今次是 MIC。

「不要、直接、找老闆……」他說。

然後我道歉、道歉和道歉，後來我才知道老闆的 signoff 隨便問一個 senior 都會知道，只有不知死活的白痴才會直接問老闆本尊。

或許是當下的自我感覺太良好，就算 Vien 和 Sue 就在我的旁邊，我仍然認為可以靠自己解決問題，便寧願直接問老闆都不問她們。

雖然到更後來我亦知道，即使得罪了老闆其實也沒有甚麼大不了，但那是後話了。

「原來你說盤點不到的那批貨是 consignment stock，根本不在倉庫裡。」Vien 說，我們在機場等待回港。

「噢。」我假裝自己知道甚麼是 consignment stock。

「我猜他們沒有特別處理這一批貨，要是你沒發現的話他們的存貨餘額可能就會計錯。」Vien 繼續說。

我笑笑，似乎在誤打誤撞之下發現了客戶做錯的地方。

回程的時候我在想，會不會審計師其實是一種有趣的職業呢？

在困難中成長，在錯誤中學習，然後從一無所知漸漸變成專業人士。

或者，有點值得期待。

當初以為自己會無法應付工作，沒想到在遇到不少困難和碰到不少牆壁之後，到後來甚至從其他人口中聽到 Vien 曾經稱讚自己。

船到橋頭自然直，與其花時間擔心，不如花時間用心做好每一件小事。

作為第一隻普通審計項目，我以為我跟 W 集團的緣分會隨著飛機降落香港機場而完結，卻沒想到往後的四年，我每一年都會到那一個位於曼谷和芭提雅中間的地方，用 Google 翻譯和肢體語言來應付那一班覺得我會突然學會泰文的有趣客戶。

3/ 第一個 Peak Season，
我學會了放棄

星期三早上的羅湖人來人往。

從泰國回來之後我被派到一個小型項目幫手兩天，到今天才正式展開 peak season 的日程，在月台上等待今次項目的 AIC（accountant in charge，項目現場負責人）。

「早晨，我是 Eden。」不一會，他從月台的另一端出現。

「早晨。」我點頭。

今次是我們第一次見面，他應該是靠我手中這個公司派發的行李箱認出我吧。

「走吧，今天還有一個麻煩的傢伙要來。」他說。

過關後，我們站在福田口岸的上層，Eden 說客戶會派司機來接我們，但出發之前還要等一個人。

「你知道今次去深圳是要做甚麼嗎？」他說。

「R 集團的 field audit ？」

「沒錯，那麼你知道 R 集團是做甚麼嗎？」

「呃……化學用品？」當年 R 集團還是私人有限公司，連公司網頁都好像沒有，雖然十二月底時我盤點了他們的貨物，但對他們的實際業務並非太清楚。

「答對了一半，R 集團主要做手機塗料，即是手機外殼和鍵盤的上色顏料，還有相關的產品，例如甚麼稀釋用的天拿水之類。」Eden 說：「夕陽工業呀，現在哪有手機有鍵盤呀？」

看著他輕嘆，我也不知道應該給他甚麼回應。

「那麼我的工作是甚麼？」我問，有些事還是越早了解越好。

「Testing啦，跟進confirmation[20]，還有其他行政工作之類，看情況吧。」

「好的。」福田口岸人流不絕，我問：「其實我們在等誰？」

「世上最麻煩的女人。」他看錶。

20.Confirmation，詢證函，通常用於銀行存款、應收帳款、應付帳款、關聯公司交易、暫存於第三方貨倉的存貨數量等等，由審計師以客戶的名義寄出，向第三方直接獲取回覆，是一種極之常用的程序，但詢證函的回收率因情況而定，有時會連一封回函都收不到。

又過了十分鐘，我們還在原地等候，然後Eden的電話突然響起。

「甚麼？你已經到了？對……我們也在福田呀，」Eden向我打眼色，示意我跟他走：「好，好，現在過來。」

「她到了？」我們連走帶跑。

「對呀，她說一早到了，在下層。」Eden把電話收好，連忙走向扶手電梯。

離遠已經可以看到電梯附近那個散發著龐大壓迫感的女人，她用一臉不滿的表情盯著Eden，他也只好不斷笑和點頭。

「你遲到了。」她叫Joyce，是我們組內出名難服侍的經理，當然事實上沒有一個經理是好服侍的。

「也不要這樣說，我們也一早到了，」Eden笑說：「對吧Timber？」

「呃，嗯嗯。」我低下頭，別把我「擺上枱」呀。

「算了別說廢話，走吧。」她走向門口：「司機到了沒？」

「我打電話問問。」Eden亦步亦趨。

「嘖。」Joyce霸氣滲漏。

從福田口岸到達 R 集團位於深圳的辦公室不過是二十分鐘的車程，除了在深圳之外，R 集團在廣州、常州、蘇州和福州等地都設有廠房。

Stocktake 時去過廣州的廠房，那裡甚至有屬於他們的餐廳和魚塘，聽說是 R 集團老闆的興趣。

到達辦公室，Eden 帶著我和 Joyce 進入給我們工作用的會議室，一推開門，第一樣見到的就是一疊疊封面印著「分類總帳」的文件。

我曾經聽過一個都市傳說，就是有些客戶為了確保自己公司的紀錄不會外洩，即使審計人員要進行現場審計，也不會提供任何電子版的文件，所有資料都會列印出來而且不准帶走。

我猜，我已經成為這個都市傳說的其中一個見證人。

「有甚麼是我可以看的？」Joyce 已經找了一個位置坐下。

「呃，你可以先看 planning 那些，」Eden 也坐下：「Gary 你把 manual file²¹ 拿給 Joyce。」

會議室內早已坐著兩人，分別是 Gary 和 Alex，職級比我高一級，他們上星期已經開始了深圳的現場審計。

「謝謝。」Joyce 接過 Gary 遞給她的 manual。

「Gary 你待會兒把各間分公司的 testing 給 Timber，順便教一教他怎樣做。」Eden 說。

「好的。」Gary 說。要說特徵的話，他的皮膚很好聲音也很小，一副把「我是少爺」四字刻在額上的模樣。

21. Working paper 可以粗略分為 softcopy 和 hardcopy 兩種：softcopy 的電子檔案會放到審計軟件中；hardcopy 的紙質文件則放在特定的文件夾中，是為 manual file。
而 manual file 又會再細分一般 manual file 以及 permanent manual file，一般 manual file 用來存放年度審計過程中所產生的紙質文件，而 permanent file（P-file）則用來存放公司成立文件、股權證明、租約、各樣合同等有效期多於一年的文件。

我找了一個離 Joyce 最遠的位置坐下，開啟電腦準備工作。

「這些先給你。」Gary 把一疊寫著「銀行詢證函」的文件交給我。

「係。」我接過詢證函，但不知道下一步要做甚麼，便隨便找個塑膠文件夾放好，塞進背包。

「Testing 抽樣的數量先跟著去年，多做一兩隻當後備就可以了，GL 在那邊，hardcopy 的你可以慢慢玩。」Gary 給了我一本「銷售總帳」：「你有做過 testing 的對吧？」

我點頭，接過那厚重的 GL。

「那麼就不用教了。」

拿著一本列印出來的 GL，失去了 vlookup、排序、篩選等等 Excel 功能的協助，以往學過用來節省時間的技巧全部無用武之地。

本來幾下點擊就可以做到的事，如今要用肉眼把過百、甚至過千條的紀錄由頭看一次，令抽取樣本這步驟變得費時。

「為甚麼他們不提供 Excel 版的 GL 呢？」我問 Gary。

「以前都是這樣，聽說每年都不會提供電子版。」他說：「你慢慢用 eye lookup 吧。」

「哈哈。」這個笑話其實一點都不好笑。

不過，本來就沒有預期工作會是輕鬆的，當時去泰國之前也害怕自己應付不來，結果船到橋頭自然直，世事就像薛丁格的貓，一天不把箱打開，一天不會知道結果。

今次的項目是年終審計，異於泰國之旅的預審，要做的程序比較複雜，testing 除了 test of control，還有 substantive test of details[22]，要調查和記錄的資料更多。

22. Substantive test of details，細節測試，理論上會根據不同交易項目和帳目結餘的 audit assertion（詳見注解 56）來設計，針對不同 assertion 的潛在風險來搜集不同的證據，所以著眼於 supporting document 的檢查和記錄，但實際上都只是不斷抽單，最終多數是在不了解其真正目的的狀態下完成。

中國大多數工廠都有自己的飯堂，R 集團也不例外。

　　整頓午飯，我們這一枱除了 Joyce 和 Eden 一搭沒一搭的對話之外，就只有餐具觸碰金屬飯盤的聲音，氣氛凝重，令人呼吸困難。

　　我們低頭扒著不過不失的廠飯，任由其他工人浪潮般的交談聲拍打在我們身上。

　　好不容易捱過了午飯，我也不想繼續和全程黑口黑面的 Joyce 待在同一個空間。

　　「其實客戶的東西放在哪裡？」我問 Gary。

　　「噢，在三樓，」Gary 放下手中的文具：「我帶你走一趟吧，順便和會計部的職員打個招呼。」

　　這廠房高四層，地下是會議室、貨倉和生產車間等，二樓以上則是不同部門的辦公室，我們用的會議室就在通往各層的樓梯旁邊。

　　「你就好啦，不用留在下面。」Gary 走在我的前面：「我也想找個藉口離開會議室，有她在連呼吸都變得不暢順。」

　　「哈哈，她會留多少天？」我問。

　　「本來說今天回港，但剛才聽她說打算多留一晚，即是今晚可能要跟她一起吃飯。」Gary 沒有甚麼表情變化。

　　「噢……」

　　「到了。」Gary 推開三樓辦公室的門。

　　「欸，小王。」坐得最近的大叔站起來跟我們打招呼。

　　「保叔，這位是新來的同事，會負責抽憑做測試，麻煩你帶他認一下位置。」Gary 說。

　　「你好，叫我小林就可以了。」我跟他握手。

　　「那我先回去了，你需要甚麼再跟保叔說，他們會安排的。」說罷 Gary 便離開了，留下我一個站在辦公室的門前。

「小林你需要看甚麼？」保叔一邊說一邊把煙灰缸收好。

「我要看 R 深圳的憑證，請問文件放在哪？」需要做 testing 的公司共有三間，分別是 R 深圳、R 廣州一號和 R 廣州二號，我打算先完成規模最大那間。

「憑證的話一月到九月都放在那邊的櫃裡，」保叔指著牆邊的木櫃，然後帶我到另一邊的桌子：「十月跟十一月剛做好放在這裡，十二月的還在做，下星期才有。」

「十二月的要下星期才有？那麼今年一月的呢？」Cutoff testing 分別需要抽查期末十二月和期後一月的樣本。

「一月都還未完結呀，憑證要如何做給你呢？」保叔笑道，大概是在恥笑我的無知。

「那……好吧，我先看其他。」我無計可施，cutoff testing 唯有下星期再算，這星期盡量做完其他 test of details，然而，很快我便發現自己太天真了。

23. 審計的目就是合理地確保客戶的財務報表是正確及公允，而且沒有重大的錯誤；為了達到這個目的，一切會導致重大錯誤的風險都要有相應的程序去應付，理論上風險越高，需要做的程序就越多，而這個理論通常反映在 sample size 之上。

24. 一個是 overstatement，即是從 GL 出發，找出相應的交易文件；而另一個則是 understatement，即是從交易文件出發，看看 GL 中有沒有完整紀錄。理論上這樣可以確保交易是存在的（existence）以及紀錄完整（completeness），但在實際操作中，兩個方向的 testing 都是以 GL 作起點，因為基本上沒有客戶會把 supporting 另外存檔，如果要找出釘在憑證後的 supporting 再查回 GL，需要的時間無法想像。

我在辦公室中找了一個安靜的角落，開始做關於銷售的 testing，當時的我不知道甚麼是重大風險甚麼是普通風險 23，我只知道理論上銷售的 test of details 要從兩個方向進行 24。

然而，理論和現實之間的距離總是可笑而無法跨過。

銷售的文件全部釘在憑證之內，每本憑證記錄了數百宗交易，全年至少有三十本憑證，從交易文件出發的抽樣方法幾乎沒有可能做到。

就算有可能，也不會有人這樣做。

這個沒人打擾的角落裡放滿了憑證，每本都是標準的棕色牛皮紙封面和左上角釘裝，我逐頁翻開，記下一串又一串陌生的號碼。

「怎麼發票日期和送貨日期總有些差距的呢？」我自言自語。

有時差了幾天，有時差了超過一星期，有時，甚至不在同一月份。

抽了差不多二十張單據，表格中剩下的空白越來越少，但違和感卻越來越強烈。

「差不多要下班囉。」保叔偏偏在這個時候走過來。

「知道知道，保叔，我可以問你一個問題嗎？」我把手上的憑證遞給他。

既然他自投羅網，我便順道問他這些日期之間的關係。

「我們是先發貨再開發票還是先開票再發貨呢，通常要視乎情況，如果是熟客，有時價格未定下來都會先發貨，發票後補，但一般情況都是要先開票之後才發貨，這些小方應該知道的。」保叔口中的小方，應該就是Eden。

「那麼你們入帳是根據甚麼呢？」我問。

「開票的時候就入帳呀。」他說。

「噢這樣呀，好的謝謝你。」我感到一陣暈眩。

因為會計準則上寫明確認收入的條件是基於風險和報酬的轉移，也就是貨物出門買家接收那一刻，所以入帳確認收入的時機應該根據送貨單而非發票。

回神過來，發現辦公室只剩下我頭上的燈還亮著，反正留在這裡也沒辦法解決問題，再次跟保叔道謝後我便收拾東西回去會議室。

畢竟阻人放工，罪大惡極。

此時才不過六點半左右，但幾乎整間廠房都已經變黑了，只剩下我們房間中的白光苟延殘喘。

「咇咇。」房外響起了司機善意的警號，提醒我們不要再耽誤他樂聚天倫的時光。

作為一個專職做測試的人，沒有憑證在手能夠做的事著實不多，只好拿著一本 GL 慢慢抽樣本，一邊東顧西盼的用眼神提示大家收拾東西。

奇怪的是明明大家都已經放慢了手上的速度，甚至做著和工作無關的事，卻沒有人提議要離開，直到 Joyce 開腔：

「怎麼還不走呀？」她一手蓋上電腦塞進手袋，並帶走了數隻 manual。

Joyce 說她要爭取時間看 file，於是沒有和我們一起晚飯，Eden 則是鬆了一口氣，帶我們到酒店附近的日本餐廳，而我則在找一個問問題的時機。

「哦，這個沒有問題的，」Eden 夾了一件刺身：「最重要是年尾十二月和年頭一月的 cutoff 沒有錯，年中時發貨日期和入帳日期不同也沒有所謂啦。」

「噢，這樣也可以嗎？」我夾了一件壽司。

「為甚麼不可以呀？」Gary 攤開雙手，用看著門外漢的目光看著我：「做 testing 不是不放飛機吧？」

「但你記住在 testing 中不要露出馬腳，這樣不好看。」Alex 說。

「另外你要幫我跟進詢證函，Gary 你今晚教一教他，」Eden 笑道：「那個麻煩的 ACC 系統。」

「ACC ？」這段日子聽過太多術語和簡稱，根本沒法全部記住。

「Audit Confirmation Center，也就是函證中心，」Alex 說：「去年開始使用，所有關於中國的函證都要統一處理，無論寄出還是回收都要經 ACC，因為在中國造假的情況太誇張。」

「聽說以前有人把詢證函投進郵筒打算寄出去，但原來那個郵筒是假的，審計師一放進去，不一會就被拿出來，客戶自己簽名蓋章再寄給自己，所以後來就出現了 ACC。」Eden 說：「函證就麻煩你了。」

「另外錢也麻煩你了。」Gary 把一個信封交給我：「今次我們借了錢，你負責保管金錢和單據，回到香港後再拿去還吧。」

「麻煩你了。」Eden 說。

我笑笑，反正也沒有拒絕的餘地。

第二天回到辦公室，早上我繼續抽取餘下的樣本，但由於從 GL 上看不到發貨日期，那就無法避免抽到發貨和入帳不在同樣月份的樣本。

昨晚我問 Gary 遇到這種情況應該怎辦，他的答案也不令人感到驚訝：

「要麼自己把日期改掉，要麼抽另一隻 sample。」

前者等同放飛機，後者則是採櫻桃（cherry picking，即刻意挑選支持既有立場的資料），無論哪種做法都有問題，沒想到這麼快就被放到道德的邊緣。

當然，其實還有第三和第四個選項，但當我知道那些做法時我已經不是負責抽單的人。

以我當時有限的知識，兩害取其輕之下我選擇了後者，反正實際上只要年頭和年末的 cutoff 沒有錯，就算客戶確認收入和發貨的時間不是同一個月都不會有問題，一切都只是為了底稿的外觀沒有破綻而已。

於是我花了很多的時間，只為挑選不用多作解釋的樣本。

彷彿我的努力，都只是為了演好這場大龍鳳。

遊走在三樓的憑證和地下會議室的 GL 之間，抽了一隻又一隻的樣本，卻又發現了一個又一個瑕疵。

「這個抽樣的金額太少了。」Eden 說，但事實上行政開支就是由數不

清的細額交易組成。

「這個抽樣的入帳日期和發貨日差太遠了。」Eden 說，其實我幾乎把這個月每一項交易都查過，這已經是差距最少的了。

「你那幾張 testing 的 sample design 改了，我待會兒再告訴你新的抽樣數量是多少。」抽樣數量每天在變，當初做的後備也不夠用。

「詢證函的狀態如何？收到回函記住要更新 working，還未收到回函就開始要準備二次發函。」

「你今天幫我寫 R 廣州的銷售分析好嗎？營業部在二樓，晚一點去找陳經理問問今年銷情吧。」

「Testing 做好了嗎？Gary 有沒有把存貨的 testing 傳送給你？應該很快就可以完成吧。」

「這個你幫我查一查會計準則，量化要調整的地方回到香港後再跟他們的 CFO（Chief Financial Officer，財務總監）說吧。」

「他們有一家新開的天津公司，交給你負責好嗎？」

「這個你幫一幫我……」

或許他們忘記了，我不是他們。

我不知道 testing 的正確做法，也不知道哪些飛機可以放，更不知道如何在短時間之內把所有 working paper 做完。

我只能夠花時間研究去年的 working paper，像在玩邏輯遊戲一樣找出屬於今年的答案，之後碰壁、犯錯、重做，直到找出答案。

正如我不會無故學懂泰文，不知道答案的事情仍然是不知道答案，週末帶著那天津新公司的成立文件回到香港，讀是讀懂了，但實際上我要做甚麼？有哪些程序要做？

我不知道，我甚至連在哪裡可以找到答案都不知道。

結果星期一回到深圳的廠房，也只能把沒有加工過的文件還給 Eden。

「哦，這些你找個橙色文件夾放好就可以了。」Eden 接過我交給他文件：「交給我就可以的了，你還是繼續做 testing 吧。」

他在字裡行間滲透出一種，名為失望的情感。

「不過呢，」Eden 把我叫停：「如果你開始做廣州兩間公司的 testing 可能有些地方要留意。」

「係？」

「因為廣州的 supporting 不會放在這邊，三樓基本上沒有單給你查。」

「那應該怎樣做？」我有不好的預感。

「你叫保叔教你用他們的系統，我記得系統中的資料很齊全，發票送貨單的單號日期甚麼都有，應該足夠你做 testing。」

「咦，不用檢查實物嗎？從系統裡抄就可以？」

「可以的啦，你做完 testing 找些金額大的 sample 給保叔，他會叫廣州把單據掃描給我們。」

「這不是 sample 再 sample 嗎？真的可以？」

「每一年都是這樣的，沒有人會在意 testing 的。」

收到指令，我回到三樓那個安靜的角落，可能公司需要的只是一班把不同表格沒有破綻地填好的人。

記得有位經理曾經這樣說：

「做了的事沒有記錄，等於沒做；沒做的事卻記錄了，等於放飛機。」

按這個邏輯，大部分的測試都只是飛機而已。

跟保叔學會了如何使用 R 集團的會計系統，果然幾乎甚麼資料都有，只剩下少數文件例如銀行回單需要從憑證裡找。

甚至連 Excel 版的 GL，原來都可以偷偷導出來。

難怪他們不明白為何我要花這麼多時間在 testing 之上。

雖然，抽單的重點就是檢查文件的正本，從系統中抄寫一串數字根本沒有意思，但這時的我還有甚麼選項？這就是 R 集團這項目一直以來的做法。

遊走在放飛機邊緣的做 testing 方法、在客戶不知情的情況下導出他們的資料，或許多數被禁止的行為在被發現之前都是允許的，我也分不清甚麼是應該做甚麼是不該。

反正一個星期這樣就過去了，查到的文件、查不到的文件、具有特別意義的號碼、揭示了事情發生的日期，這些資料漸漸把不同表格中的空洞填滿，成為所謂的證據，支撐著所謂的審計意見。

回程的路上只剩下我和 Eden，跟出發那天一樣，我拖著簡單的行李，不同的是在這短短一個半星期，我覺得我對自己的工作有另一番體會。

「回到香港之後我們要做甚麼？」列車停在羅湖站，準備開出。

「香港的分公司，你主要還是做 testing 吧，我記得香港和深圳差不多，多數資料在系統裡都有。」Eden 笑道，這個星期他很晚才睡，眼圈漸深。

「好的。」希望香港公司的文件齊全，不用像深圳那樣。

「另外就是做 consolidation 了，不過到時 Cyrus 會幫手。」

「Consolidation？要做甚麼？」

「哈哈，到時你就知道了。」

火車去到上水站，夕陽剛好消失在大樓之間，只留下一道火紅的裙邊。

星期一早上，我直接去到 R 集團位於火炭某工廈的辦公室。香港總部的員工不多，會計部門除了財務總監之外就只有兩名員工。

Eden 帶我認識她們，順便在辦公室繞了一個圈。在香港抽憑證和查單據比起在深圳輕鬆太多，除了不用偷偷摸摸地導出電子版 GL，也不用擔心文件的角落會因為釘裝而看不到。

最重要是香港公司沒有存貨，不用做存貨的 NRV testing[25] 和總共有八個方向的 cutoff testing[26]，已經節省了不少時間。

回到香港，簡直覺得自己身處天堂，至少，有一個星期是這樣。

日子一天一天過去，Eden 的眼圈也一天比一天深。

每天他不是喃呢著「為何 retain 不夾」，就是在解答 Joyce 的問題，不然就是在財務總監的房間裡開半天的會。

即使如此，我們的下班時間都維持在七、八點左右，因為這個項目的審計費用太少，不可能有 OT 鐘可以篤，甚至連的士費都未必可以報銷。

農曆年過後，關於香港分公司的審計差不多完成，我也漸漸習慣同時處理多項工序的工作模式。

例如有時正在抽單，突然會被叫去影印然後又要打電話給 R 深圳會計部追討文件再跟進詢證函狀況最後才回去做抽單，這種戲碼幾乎每天上映。

「今天下班之後回公司吧，這邊可以做的都完成了。」Eden 說，我仍舊沒有異議的餘地。

登上開往金鐘的的士，Eden 沒有說話，只是偶爾輕托眼鏡，還有透過嘆氣把體內的負面情緒排出體內。

的士駛出隧道，在鬧市中穿梭，來到某幢地鐵站上蓋的商業大廈。

25. Net realizable value testing（存貨變現值測試）的簡稱，根據 HKAS 2 Inventory，存貨的重點在於「lower of cost and net realizable value」，所以我們需要就年末存貨的成本和變現值做測試，而做法是以存貨的期後銷售（after year end sales）作為變現值參考，如果期後變現值高於成本就沒有問題，反之就有存貨減值（impairment）的問題。

26. Stock cutoff testing 分別有 overstatement 和 understatement 的期末出貨、期後出貨、期末入貨、期後入貨，組合成八個方向。

　　二月中，所謂下班時間後的公司仍然人來人往，無間斷地運作的影印機，坐滿了人的豬肉枱，一部部手提電腦處理著數之不盡的數據，一疊疊文件記錄著各式各樣的證據，在做不完的工作面前，還有一班不像人類的人類。

　　我隨便找了個位置坐下，差不多三個月沒有回過公司，有種陌生的熟悉感。

　　「這疊詢證函你待會拿去寄，」Eden 把今天簽好名的詢證函交給我：「知道在哪裡有公文袋可以用嗎？」

　　「呃，不知道。」我如實說。

　　「不緊要，跟我來。」他帶我到影印房旁邊的位置，那兒有個放著寄件到 ACC 專用公文袋的紙箱。

　　回去時我跟在 Eden 的後面，隱約聽到他在嘆氣的同時，說了句：

　　「為何不給我一個 A2 ？」

27. Disclosure notes to the financial statement，又稱 consol notes、notes、碎屏，是合併過程中的主要 working。在財務報告中因應不同的會計準則，各個項目會有不同程度的披露要求，例如應收帳款要出帳齡、固定資產則要出固定資產變動表等等。一般而言，審計師會在子公司層面（company level）的審計過程中取得和檢查這些需要披露的資料，而去到合併層面（consolidation level），好運的話客戶會提供 consol notes，審計師只需要檢查，但更多的情況是審計師要自己把所有 company level 的 working 加起來。最後客戶也會反過來叫審計師提供他們做的 consol notes，可謂徹頭徹尾的 self-review threat。

　　為避免搭了的士但報銷時客戶不高興的情況出現，基本上接下來的日子都在十一點前下班，反正我的工作已經不再是必須在辦公室才可以做到的 testing，而是開始準備各種財務報表附注 27。

　　「其實我們去到 consolidation 這階段不外乎是砌 notes 和 tie 數。」Eden 說：「我待會兒把幾張 notes 給你，你幫我更新，如果不明白再問我。」

　　「好。」

　　不一會，電腦熒幕的右下角亮起收到新郵件的通知，接收了一堆底稿，逐張研究了一會，我只有一個問題：

「到底，我要做甚麼？」

萬事起頭難這個道理我清楚我明白，所以「砌 notes」到底要如何開始，於當時的我而言是一個世紀難題。

「其實我要做甚麼？」我問 Eden，大概他又在心底說出那句話。

「其實砌 notes 即是把每一間子公司的 working 放在一起，」Eden 開始講解：「例如存貨的 consol note，就是把 R 深圳、R 廣州、R 常州的存貨資料貼在另一張叫『Inventory Disclosure Note』的 working 上。」

「哦，逐張 working 打開，然後 copy and paste。」我說，開始有點頭緒。

「沒錯，其實就是這樣簡單。」Eden 說。

其實，才沒有那樣簡單。

每天就像闖進由數字組成的迷宮，手中卻只有一份去年用過的地圖。

素未謀面的 working 就像迷宮裡獨立的房間，你永遠不知道房間裡有沒有藏著打開最後那大門的鎖匙。

或許到我第二次，或者第三次進入迷宮，我就可以知道每間房裡放著甚麼，甚至記得迷宮裡到底有多少房間。

但這需要時間的淬煉，現在的我只能緩慢地，逐一探索。

踏入三月，每天剪剪貼貼，把不同的資料拼湊在一起。

老實說，我也不知道自己在做的事能否帶領我走出迷宮。

我只知道 Eden 的 schedule 完結了，對，即使他是 AIC，但去到三月就只剩下我和 Cyrus。

而我收到的指令就是完成剩下的 notes，以及下星期繼續留在辦公室待命。

然而星期一回到辦公室時，就見到一個令我整顆心臟懸在半空的問題：

「你能夠在今天完成那些 notes 嗎？」

原來星期五收到指令的真正意思是星期一之前完成剩下的 notes，收到這樣的催命電郵，我除了就週末沒有自動自覺工作道歉之外，就只有馬不停蹄地工作。

我已經忘了到底是當時剩下的 notes 其實不多，還是人類的潛能實在不容小覷，反正當我和 Cyrus 報告說我做完的時候，他只是笑笑口說了一聲「叻仔」。

到後來做過幾隻項目的 AIC，被人「捽」過亦「捽」過不少的人，我都無法分得清甚麼時候的稱讚是真心，甚麼時間只是想別人達到自己的要求。

還是說，在公司裡其實每個人都處於對立的狀態，我做多一點等於別人做少一點，反之亦然，從來不存在公平這個概念。

有的只是利益和剝削、付出和收穫之間的微妙平衡。

當我完成了分配給我的 notes 之後，有時我要幫忙把數字填上財務報表的草稿上，這個動作稱為「上數」，我常常在想，如果我對一份報表有了透徹的認識，上數這一個步驟一定會變得輕鬆。

只可惜我只是一個工作了四個月左右、剛剛過試用期的普通人，對於報表，我真的只懂皮毛。

吃力地填好報表上的空洞之後，便把塗鴉般的草稿交到打字部門，等那邊的專家把塗鴉變成文字和數字，然後校對檢查，修改新的草稿，再把新的草稿送到打字部門，不斷重複。

每天除了上數，還要幫 Cyrus 處理其他問題，因為他其實是另一隻上市公司項目的 AIC，幫忙處理 R 集團純粹是因為兩個項目都是同一個經理負責。

Schedule 和 booking 甚麼的，很多時候其實只供參考。

我們就像是百子櫃中的藥材，老闆手中執了一堆，哪裡要人就把人放到那裡，時而做這個項目時而做那個項目，有時還得應酬陪笑，其實和打雜沒

有分別。

隨著我的 schedule 進入尾聲，我手中關於 R 集團的工作越來越少，取而代之的是幫 Cyrus 製造了一堆假裝有寄過出去的詢證函，也打過電話到四川土地局用互相聽不懂的語言對話。

去到最後，我已經不知道所謂的「審計」有甚麼意義。

是要跟足指令辦事？去找出錯處？還是幫手隱瞞錯處？

這些問題，最後我花了四年去尋找答案。

作為一個 A1，我好像理所當然地沒有再跟進 R 集團的問題，一切就彷彿隨著一疊疊的文件歸檔而變成回憶。

當時我聽說做審計的人會被「continuity」支配，今年做了甚麼項目明年和後年都會做同樣的項目，我以為下年我會再次走在坳背灣街，在會議室裡看著同樣的風景，卻想不到下一個 peak season 我被安排到另一個項目，遇到一班帶來轉變的人。

那轉變無論是好是壞，都是後話了。

4/ 做時裝的公司和吃餿水的審計師

所謂的 peak season，一般指一到三月，在這三個月裡，為了應付不同的死線，為了滿足不同的要求，審計師往往是過著生不如死沒日沒夜的生活。

然而，peak season 就真的只有三個月嗎？淡季真的存在嗎？

這些問題，從來都沒有答案，一切都只看運氣。

在完成了 R 集團的審計項目之後，我馬上被分派到另一個項目，一個我在泰國時聽過的名字。

「L 集團。」Sue 雙手合十，對著商場外面的四面佛說：「保祐我不要跟這隻爛 job 扯上關係。」

結果她的祈禱生效了，她和這傳聞中的爛 job 擦身而過，卻沒想到後來 L 集團這個名字出現了在我的 schedule 上，大概是四面佛想我接受這個挑戰。

經歷第一個 peak season 之後，我基本上不再懷疑自己的能力，自覺學會了一個 A1 應該要懂得做的工作。

反正各種測試都千篇一律，而且到最後即使查到有甚麼問題，上級甚至經理都會叫你自己「做手腳」把瑕疵藏起改掉。

能否完成工作根本與能力無關，反而像是試探每個人的道德底線。

懷著對所謂「wok job」的一點期待，schedule 開始那天我比平時早了一點回到金鐘辦公室，不一會，AIC 出現了，她叫 Minnie。

她永遠都是穿著正裝上班，而且笑容可掬，似乎是個容易相處的人。

「Hello，這麼早上班？」Minnie 問。

「哦，差不多啦。」有段時間我真的習慣了九點左右回到公司，只可惜隨著放工時間的後移，我只好調節自己的上班時間來平衡。

「我們今日會去 client 的辦公室，在尖沙咀，晚一點 Scarlett 會自己過去，」Minnie 說，Scarlett 是項目中的另一位 A2：「待會我們去找真正的 AIC，哈哈。」

「你不是 AIC 嗎？」我問。

「不是啦，我只是路過這項目而已，」Minnie 嘿嘿地笑：「他回來了。」

她帶著我走到一個看起來比我年輕、瘦削似乎營養不良的男人面前，他穿著有點過大的西裝，銀色的粗領帶掛在他頸上，有種莫名其妙的喜感。

「他是 Dicky，真正的 AIC。」Minnie 笑說。

「Hello，你們今日落 field 嗎？」Dicky 說，他的聲音和他的外表一樣年輕。

「對呀，收拾好東西便出發了，有甚麼指引呀 AIC ？」Minnie 說。

「沒甚麼，因為去年這項目太混亂了，我想今年的 control 做好一點，文件在誰手上、working 由誰負責、進度如何之類，我希望每日都有人 update。」Dicky 看著我，想必這個任務是交給我的。

「沒問題啦，你都快點過來幫手。」Minnie 笑說。

「我要到中國 fieldwork 後才開始呀，你們遇到問題再找我吧。」說罷，Dicky 拋下一兩句「我要去找老闆了」之類的話便離開了。

的士轉眼就把我們送到 L 集團名下的商業大廈，他們的辦公室就在其中一層。

午飯之前 Scarlett 都來到了，一直和 Minnie 談天說地，雖然她們的話題都離不開出甚麼 job、有誰一起做、又做了甚麼之類。

　　她們看似深厚的交集，其實也只是在工作上延伸打轉，所以我也沒有刻意融入她們，只是自閉地做著 Minnie 分配給我的工作。

　　今次我的工作主要還是老朋友，testing。

　　L 集團是一間時裝貿易公司，除了自己擁有一個不出名的品牌之外，主要業務是利用位於中國的工廠為名牌時裝加工生產。雖然成衣加工行業漸漸轉移到成本更低的柬埔寨，但在中國還有為數不少的血汗工廠。

　　L 集團在香港主要負責業務拓展和自家品牌設計，但收入最穩定的卻是租金收入，這個現象在香港奇怪得理所當然。

　　不單是辦公室所在的大廈，還有對面那一幢大廈，以及土瓜灣的一幢工廠大廈，都是由他們全資擁有，基本上只靠租金都可以過活了。

　　至於 L 集團的帳目有一個特色，就是爛。

　　所謂的爛數，可以分成不同的層次，例如入錯數、用錯會計準則和處理方法、會計紀錄混亂導致找不到憑證，以至內部控制的紕漏、假帳、刻意利用複雜的入帳方式來隱瞞某些交易等等。

　　一間公司的數之所以會爛，十之八九都是由爛人引起。

　　例如 L 集團的會計部經理 Racheal，她是個三十出頭左右的婦人，在她的管理之下，會計紀錄天殘地缺，一向她追問就即時在我們面前打電話，一時叫誰誰誰馬上跟進，又或是追究是誰誰誰負責，總之一切責任都跟她無關，而找不到的東西最後仍是找不到。

　　狹窄的文件房內，有幾排放滿空洞文件夾的鐵架。

　　我在電腦中開啟了一張關於銷售的抽樣測試，再按著 GL 的指示從鐵架上取下一個文件夾，翻到選中的憑證，期望可以找到需要檢查的發票和報關單。

　　「＿。」那憑證卻只是張印著和 GL 一樣資料的 A4 紙，甚麼文件都沒有。

　　我不氣餒，心想這個可能只是例外，便取下另一個文件夾，翻到某一張憑證。

「＿！」又是甚麼都沒有。

我並不氣餒，或許應該先從比較簡單的行政支出開始做起，於是我開啟另一張測試，尋找預先抽中的交易。

「＿！」翻開憑證，為何購買手提電腦不是新增固定資產而是當成文具支出呢？

我仍不氣餒，跳到另一隻關於其他支出的樣本，憑證後附帶著一大疊單據，不安感迅速蔓延。

「＿……」我翻著那疊由車票、餐廳收據、信用卡月結單、迪士尼入場券、電話費月結單組成的東西，發現有部分支出甚至是去年的。

頹坐了一會，問題始終需要解決。

我鼓起勇氣走到 Racheal 的辦公桌前，戰戰兢兢地向她打招呼。

「怎樣？」她放下手上的工作，用肥腫難分的雙眼盯著我。

「我想問，其實銷售發票和送貨單之類的文件在哪裡？」我打算先解決最嚴重的問題。

突然想起有本書提到不想看著別人的眼睛但又想製造類似四目交投的感覺時，可以看著對方的鼻。

「這些文件怎會放這裡呢？全部都由東莞廠房保管的。」她用教導小朋友的語氣跟我說：「你們之後不是會去東莞嗎？到時再看不就可以了嗎？」

「但到時就會有其他工作，我怕未必夠時間。」我看著她的鼻，同時讓自己的眼神散渙一點。

「真麻煩，」她說，然後又開始打電話，似乎她喜歡透過直接命令別人來建立自己的權威，講完電話後，她接著道：「唉！你把抽了的樣本給我，我交給東莞同事叫他們掃描過來，這樣可以了嗎？」

「好的！謝謝你！」忽然發現，其實自己也是個虛偽的人。

結果頭一個星期在辦公室中做得做多的是發呆，其次是計劃午餐吃甚麼。

因為 Racheal 根本甚麼都沒有提供，每次追問她，她就在我們面前打電話指責下屬。

明明在剛開始時大家都擔心要加班到天昏地暗，但一星期過去，我們每天都準時放工，反正沒事可做。

客戶提供資料的速度越慢等於在餘下的日子要處理的事情越多，如果一星期的 schedule 中第一天客戶已經整齊地提供所有資料，你至少有五天去工作，但實際上客戶的口頭禪永遠是「未得未有你先做其他吧」。

到了第二個星期，Racheal 才陸續把我要求的發票和貨倉紀錄轉發給我，總算可以正式開始工作。

其實大多的項目都有同一情況，落 field 的頭幾天基本上是「齋坐」，一直等，一直等，然後某個時刻客戶便會把一大堆的資料塞進你的收件匣。

這個工作量從零瞬間變成無限的感覺，我想我是永遠無法習慣的。

斷斷續續填好幾張底稿，在香港的現場審計都差不多要暫停，轉戰東莞，畢竟 L 集團的主要實業都依賴中國的幾間廠房，去中國是逃不過的命運。

在一個灰濛濛的早上，我拖著簡單的行李隻身前往羅湖。

Dicky 和另一位 A2 早已經在星期一到達東莞，但誰叫我需要上三天的 QP 補習班，只能在星期四獨自出發。

過關後，我拿著 Racheal 用小畫家製作的地圖，到達不肯定是否正確的指定地點，等候 L 集團安排的車。

比約定的時間早了一點，只好在原地呆等。

越來越接近約定時間，私家車來來往往，卻沒有一輛是 L 集團的車，我開始擔心自己去錯地方。

「……」我打電話給司機，卻無人接聽，不知道是因為正在駕駛無暇接聽還是其他我想不到的原因，結果我只好呆站在原地又等了十分鐘。

「……」我按下重撥，卻仍然沒得到回應。

我開始焦急，甚至懷疑所謂來接我的公司車其實是轉角處那個車站的巴士，畢竟今次是我第一次獨自去中國工作，實在不知道 Racheal 口中的「車」是私家車還是巴士。

又過了十分鐘，我再度按下重撥，對方終於接聽。

「喂？」他用帶著強烈口音的普通話說。

「喂，你好，我是香港審計那邊的，我已經到了。」我說。

「噢到了，好呀，你現在哪？我差不多到羅湖。」他說。

「嗯，我在那個酒店下面，有個車站和沐足店那邊。」我嘗試把身邊看到的建築物都說出來，因為我實在不知道這個地方的名稱是甚麼。

「即是哪裡呀，我去哪接你好呢？」他追問，大概是聽不懂我的普通話。

「嗯……你先等等。」我想我再說下去他也不會明白，於是我走向路口正在站崗的警衛，請他幫忙說明我現在的位置。

警衛原先是用疑惑的眼神看著我，彷彿我是騙案中的騙徒，經我一番請求他才願意暫停手中的遊戲，接過我的電話，用我跟不上的講話速度和司機對話，不用兩分鐘已經讓司機知道要開往哪裡。

「他大概十分鐘後到，現在堵車。」警衛把電話還給我，繼續回到他的遊戲世界。

不久之後，我終於等到印著 L 集團標誌的私家車駛過來，上車後我才發現原來司機會說廣東話的，當下我在心中暗罵兩句粗口之後便昏昏沉沉的睡著了。

醒過來的時候，已經到達目的地。

Dicky 安排我們在兩個星期的行程中到訪兩個廠房,分別是 L1 和 L2,星期六日則回香港休息,而同行的還有一位叫 Katy 的同事,比我大一年,亦是教我「除了出糧那天,一個月中其他日子都沒有意義」這個道理的人。

在辦公室的盡頭,一個刻意騰出來的空間中放了一張木製圓桌,桌上除了兩台電腦,還堆滿了一大疊文件,Dicky 和 Katy 則自顧自的埋首工作。

我把行李放在一旁便開啟電腦加入他們,一個惡夢,就從這一刻開始。

「這一個半星期你有幾個任務,」Dicky 放下手上的工作:「首先當然是完成所有 testing 啦,甚麼影印之類的可能都要你幫手。」

「好的。」希望在東莞這邊能夠找到需要的交易文件。

「然後有一日要跑一次工商局、海關和稅局,應該夠時間的,我猜。」

「工商局、海關和稅局?」我問,因為之前都沒有去過這幾個部門。

「對呀,我們要去工商局把 L 集團去年的年檢報告印出來,才可以確定他們提供的資料中,去年那行數是對的。」

「好。」我馬上拿出筆記簿記下。

「至於海關,就要去拿今年的出入口報關紀錄;而稅局,就是印他們的完稅證明及申報表,」Dicky 連珠炮發:「沒甚麼特別的,不過是比較花時間罷了。」

老實說,我只有工商局、海關、稅局這三個詞能夠聽懂。

28. 發函替代程序,alternative testing,是當詢證函無法收回時執行的後備程序。理論上最好能夠從第三方獲得詢證函回覆,但有時被詢證的一方未必會花時間回應,導致函證無法回收,此時就會以 test of details 的形式代替。不過 alternative testing 的效用其實存疑,例如應收帳款,如果對家不承認有欠款,就算客戶手上有多少單據都沒有用,況且單據這東西,其實幾分真幾分假都無從稽考。

「船到橋頭自然直。」我在心中默念,並沒有把這個新任務放在心中,只是盤算著我到底需要多少時間才可以完成手上的工作。

不久後收到 Dicky 傳送給我的底稿,一如既往,除了 testing 還是 testing。

除了一般損益表項目的測試和之前做過的 search for unrecorded liabilities 和發函替代程序 [28] 之外，還有銀行大額交易測試 [29] 等等。

我拿著十多張的測試，餘下的時間僅有七天，有一天預計要到甚麼局領取文件，即是只剩下六天的時間，簡單算術，我至少每天要完成兩張。

似乎，有點不容易。

然而「不可能」這三隻字彷彿不存在於審計師的字典裡，無論過程有多痛苦，用了甚麼方法，目標還是要達到。

「那我應該先做哪一張？」我問。

「你喜歡啦，不過存貨可以先等一等，或許先做 bank transaction testing 吧，反正月結單我都已經拿了一份。」Dicky 邊說邊從凌亂的桌面找出一疊銀行月結單：「Bank transaction testing 很易做，我們會定一個金額做門檻，所有大過門檻的交易都要檢查。」

我接過銀行月結單，Katy 亦把放了 GL 和管理報表等資料的 USB 交給我。

我先把總帳中銀行存款的部分分開存檔，然後利用 Excel 的篩選功能把大過門檻的交易找出來，再查找憑證和銀行回單就完成了，總算有一個好的開始。

不過一件事再簡單也需要時間，當我完成第一張 testing，已經天黑了。

在 peak season 的 R 集團項目中，Eden 向公司財務部預支了備用現金，所以我們晚餐不是吃壽司刺身就是酒樓小菜，更不用提每兩三天就去超級市場買零食和日用品。

29. 銀行大額交易測試，material bank transaction testing，顧名思義是一種針對利用銀行戶口作收款（bank in）和付款（bank out）的測試。有人認為要知道一間公司有沒有問題，只要看他們的銀行交易紀錄就可以，如果從銀行月結單發現和 GL 中有差異的交易，或是出現了與正常業務無關的奇怪交易，便需要深入調查。不過這一切都建基於客戶提供的銀行月結單是真確，所以有時候甚至會要求客戶在審計師的陪同下，到銀行重新列印月結單，或登入網上銀行檢查。

相反 L 集團的項目老闆，亦即是泰國 W 集團的項目老闆，是走實報實銷路線的，這情況下員工要自掏錢包，往往都不會花太多錢在吃喝之上。

結果除了第一晚之外，幾乎每一天每一餐都是吃廠飯，同時因為附近沒有酒店的關係，我們需要住在員工宿舍，真正從各種意義上做到「全日都在公司裡」。

一開始擔心員工宿舍的狀態會很惡劣，因為實在聽過太多類似的傳說：

有人說試過在洗澡時一扭開水龍頭，數不清的蟑螂從出水口衝出來；

有人說棉被是發霉而且血漬斑斑；

有人說被床上的跳蚤咬到全身發癢……

我慶幸我住的房間尚算整齊，除了有蚊子整晚在房內徘徊，並沒有出現其他奇怪的東西，反正回到房裡就開始抽樣本，抽到累就睡覺，睜開眼就去辦公室，日日如是。

這裡的憑證全部放在辦公室的其中一個角落，本來這個角落放了一張辦公桌，但過多的憑證從桌旁的櫃中滿溢出來把桌子佔據，只剩下桌子斑駁的邊緣暴露在空氣中。

我帶著只有二十分鐘電池壽命的殘舊電腦瑟縮在這角落中，一頁一頁的翻著憑證，難得地，東莞的文件比香港整齊，一個上午已經完成了購貨和支出的測試。

廠房的飯堂每天準時十二點半供應午飯、七點供應晚飯，但到了午飯時間 Dicky 仍在埋頭苦幹，直到一點多他才呼出一句「不如吃飯吧」。

結果我們根本不用擔心飯堂座位的問題，因為幾乎所有人都已經食飽午睡了。

當我走到領餐的窗口前，只看到將近見底的飯桶、只剩下菜和肥肉的豬肉炒菜和只剩下皮和骨的蒸魚等等。

這些餸菜因為地心吸力的關係吸收了整盆菜的油，已經演化成另一種狀態。

不過還好今天已經是星期五，再過幾個小時就可以暫時回港，但一想到下星期每天都要吃這種狀態的食物，便為胃袋感到擔憂。

兩天的假期轉瞬即逝，一個下著毛毛雨的星期一早上，我拖著放了幾袋麵包的行李再次去到羅湖那家沐足店前的集合地點。

如果說從事保險股票經紀銀行等等的售貨員所面對的，是追趕銷售目標的壓力，那麼審計師面對的，就是在限時內完成工作的壓力。

而我顯然是面對不了追趕銷售目標的壓力，寧願把自己關在細小狹窄的檔案室中，默默查找不知道是真還是假的交易紀錄。

關於抽樣數量的計算，公司有一套自己的方法學，到底這項目最後要做多少抽樣測試，詢證函要寄多少封，甚至報表上可以容忍的錯誤有多少，都要依據 materiality level。

這些事情對於當時的我只有一個影響，因為 materiality level 越低，我需要做的測試就越多。

幸運的是，抽樣數量是有上限的，無論測試對象的總數有多大、materiality level 有多低，當時公司所定的上限都是七十五，以銷售測試兩個方向為例，最多要做一百五十隻抽樣。

不幸的是，其實一百五十隻抽樣也是很多的。

而 L 集團，則是要做一百五十隻的不幸例子。

每一隻抽樣，除了要記錄客戶入帳時的憑證號和日期，還要檢查增值稅發票、送貨單和報關單。

把以上的動作重複一百五十次，就完成了一張銷售測試。

晚飯後，Dicky 和 Katy 留在辦公室盡頭的幽暗圓桌工作，而我則獨自回到那個角落，尋找著第六十八張單據。

「只要是發生過的事，都會留下痕跡。」

這句話沒有錯，只是有些痕跡比較明顯，有些比較內斂，而有些，則比較混亂。

我在週末的時候已經利用「vlookup」、「&」和「conditional formatting」等等 Excel 中的功能，填好了一百五十隻樣本的憑證號和日期這些在 GL 上出現過的資料，現在要做的只是把證明交易的文件找出來。

捧著經書般的憑證，我一頁一頁的翻著，縱然不會習得甚麼絕世武功，卻在成為會計師這條路上踏出了第一步。

然而，人生往往就是這個然而，這條路卻是漫長而且看不到盡頭。

「到底這一張報關單是對應哪些發票呢？」我左手拿著憑證，右手拿著一本報關單。

有時一張報關單上的貨物恰好是送貨單和發票上描述的那樣，一件不錯一款不漏，但有時卻是報關的少送貨的多，而有時又是報關單的多送貨的少。

三份文件，三種數量，我口中也唸著三字經。

就算撇開數量不符的問題，我要找出其中一宗銷售背後的報關單也是難上加難，因為憑證背後只有發票和送貨單，報關單則是另外釘裝，亦沒有註明哪一張報關單對應哪一條銷售。

彷彿在拼一千塊的拼圖，但每一塊拼圖都是清一色的黑。

但，又可以怎樣？

唯有怪自己沒有在客戶放工之前問清楚他們，眼下深夜無人，只能逐張文件研究，直到某一刻，我放棄了。

不能完全對上銷售紀錄？金額有差異？貨物單位不同？

隨便吧。

比起那些直接創造發票號碼送貨單號貨物描述等等的同事，我猜我算是認真看待「抽單」這個工序的人了，起碼我填在測試中的資料，都是有根據的。

最後在那塵埃飄揚的角落翻了一夜文件，薄如蟬翼的文件佈滿了我的指紋，揭頁的聲音在耳邊迴響，久久不散。

睜開眼睛，房間和辦公室不過是五分鐘的路程，今天已經是留在 L1 的最後一天，我卻要隨客戶前往工商局等部門，預計要一整天的時間，只好拜託 Katy 幫忙做來不及完成的測試。

Dicky 再解釋一次我將要做的工作之後，負責接待我們的財務部石經理就帶我到停車場，第一站是最近的地方稅局，然後到工商局，最後到海關，而隨行的還有戴著銀絲眼鏡的財務部副經理和體型略胖的出納。

本來還有點擔心，但後來發現我要做的事，其實就是站在副經理旁邊，看她影印看她排隊看她和櫃檯職員「吹水」，午飯之前已經攻略了工商局和稅局這兩個關卡。

「海關那邊應該沒那麼快上班的，我們找個地方休息一下吧。」副經理說，剛吃完真功夫的招牌蒸飯。

「好的。」我說，一邊喝著肉沫漂浮的例湯，反正我根本沒有好之外的選項。

於是，司機載著我們到一條小路上，把車子隨便泊在路旁，電台播著韓紅的演唱，而副經理和出納則一搭沒一搭的聊天。

這個狀態我自然無法融入，我既不是他們的同事，明年會否再見亦是未知之數，我與他們，不過是彼此人生中微不足道的過客。

正如這些年來遇過的人，有的令我永生難忘，有的，則連名字都忘記了。

等到差不多兩點，大家的消化系統都運作正常地把血液抽到胃部，流到大腦的血液減少令人昏昏欲睡，車廂漸漸只剩下電台的聲音。

我留在車上，繼續百無聊賴地胡思亂想。

想起昨晚的工作，想起房間內的蚊，想起審計的作用，想起自己努力的原因。

想起如果放飛機的話，那些測試很容易就可以完成吧？

車子在路上奔馳了個多小時，我們去到裝潢誇張地堂皇的海關，直到日落時分，海關的職員才把 L 集團的全年貨物出入口總額等資料交給副經理，今天的任務總算完成。

回到 L 集團第二個廠房已經是晚上，L2 的職員帶我到二樓和剛剛到達的 Dicky 和 Katy 集合。

「Alternative testing 已經做完了，你不用擔心，」Katy 跟我說：「還有 inventory testing，我給了石經理讓他幫忙。」

「噢！我完全忘了還有這張 testing，對不起。」

「哈哈我也猜到你忘了，」Katy 笑說：「那張 testing 的資料要從客戶系統中找的，讓石經理做比較快。」

「對不起，我太大意了，」我問：「但可以這樣做嗎？」

「不被人發現就可以。」Katy 故意壓低聲線，但我猜 Dicky 是知道的。

晚餐吃過難食的廠飯之後就回到辦公室，我把今天取得的文件交給 Dicky 換了一句「謝謝」之後，便開始做 L2 的測試。

挫敗的感覺不單來自工作上的困難，還有自己的無知，要是我能夠做得再快一點的話，就不會給別人帶來麻煩。

L2 的規模比 L1 小，但要做的測試數量差不多，沒有悠閒的餘地，同樣地我先選好所有測試的樣本，再抽單據檢查。

根據「工多藝熟」這個定律，同一個動作不斷重複，理論上會做得越來越好，越來越快。

轉眼去到星期五，受 Katy 的啟發，我把關於存貨的測試交給 L2 的會計經理，讓她從系統中找出相關存貨的成本資料以及期後銷售的變現值。

而我則專注完成其他測試，困在無止境的抽單輪迴中。

我不期然在想，審計到底要是找出答案，還是做出答案呢？

為了在限時之內完成工作，不可能不作出妥協，有時放飛機、有時對問題「隻眼開隻眼閉」、有時幫客戶編藉口、有時甚至連手上的底稿到底應該怎樣做都不知道，只是胡亂跟隨去年的做法，填一些數字上去。

然後便闖禍了。

從東莞回到香港之後，我在 L 集團的 schedule 也完結了，輾轉做了不同的項目，例如回去 P 集團的 IPO 項目幫手，又例如做了一間珠寶公司的年審，本以為 L 集團的事已經告一段落，卻沒想到它在七月的某一個下午突然回魂。

「老闆已經看完 L 集團的 working，她在 testing 中開了 Q，麻煩你在這幾天內解答。」素未謀面的 Nelson 透過 Skype 跟我說。

原來 L 集團已經換了 AIC，因為 Dicky 辭職跳槽去了 L 集團，真是意料之外。

「好的，沒有問題。」我回答，這句話幾乎成為了我的口頭禪。

過了一會便收到幾張之前做過的底稿，發現不少問題都是粗心大意的錯誤，例如打錯年份、Excel 中的公式有問題、寫漏資料等等。

唯獨有一條開在 search for unrecorded liability 的 Q，我全無頭緒。

當時我抽了一筆工廠電費作為期後付款的樣本，L 集團的工廠在一月支付十二月的電費，而該費用就記錄在一月的帳目上，但其實理論上即使十二月的電費在一月才支付，L 集團都應該在十二月的時候計提電費。

然而中國的公司很多時都不會做這個步驟，我就中了這個陷阱，因為我在測試中那條「該項目有否包含在期末應付？」的問題中填了「有」，但事實卻是「沒有」。

　　我沒有及時發現到 L 集團的做法有問題，只是一心打算把所空格填滿，卻沒有了解背後的目的，就結果而言，這個「飛機」被發現了。

　　這條 Q 當然是清不了，跟 Nelson 直說事實，他只是叫我自己跟客戶聯絡，打電話給石經理，他卻說他們一直都是這樣。

　　來來往往幾個星期，每天除了做自己的工作外，還要花時間以不同的方式證明 L 集團真的計提少了費用，對當時的我來說，這是無法解決的問題。

　　到後來，到底這個問題是被送到一個叫 misstatement[30] 這個用來藏污納垢的空間，還是威逼了客戶做調整，我不得而知，反正在我向成為了 L 集團員工的 Dicky 求救之後，這條 Q 似乎解決了。

　　一隻「wok job」，大概就是由一個愛理不理又即將辭職的 AIC、時間不夠人手不足的 schedule、自以為掌握了工作技巧但實際上甚麼都不懂的新人、高高在上不願合作的客戶、凌亂無序錯漏百出的文件和一個明知這情況卻偏偏事事都要執正的老闆這種種的因素所組成吧，都算是增長知識了。

---

30. Misstatement，也就是錯誤，當在審計的過程中發現了 misstatement，首先要觀其金額，少於 threshold 的就是 immaterial misstatement，不用理會，但如果是 material misstatement，就需要和客戶溝通，讓對方改正，若對方不肯改正，就要記錄在特定的 working paper 中，亦要在管理層聲明書中列明，以示割蓆。

5/ 通常可以出錯的地方，都會出錯

二零一三年的九月，時晴陣雨。

我最後一次以 A1 的身份去中山做了一個關於塑膠貿易公司的審計。

工作一如既往的不算困難，不過是客戶入帳的時機有點混亂，存貨的成本計算有點混亂，以及提供文件的過程有點混亂。

經歷過 R 集團和 L 集團這些項目，我發現我浪費了很多時間在研究「怎樣把不同的表格填完」，卻忽略了那些表格背後的意義。

結果，當然是犯下了各式各樣的錯誤。

過了一年，失去了新人的光環，渾渾噩噩的日子是時候結束，至少應該再認真一點，再努力一點，就算不是爭取甚麼名利，起碼對自己有個交代。

在測試中發現了問題，除了挑選另一個完美的抽樣，或許可以花點時間了解箇中的原因，記下偏差背後的故事。

最後，有一晚在酒店裡加班到凌晨四點。

為的，只是「可以真做，就認真做」這個信念。

然而梅菲定律總是對的。

可以出錯的地方總會出錯，每當以為自己找到答案，事情又會悄悄崩壞。

一切的起點大概就在十月，那個多人得出奇的項目。

Y 集團是一間在香港主板上市的中國公司，在我們組是其中一隻出名的爛 job，十月的時候需要去 Y 集團位於鄭州的總部做預審，一行六人在還未翻新的寶安機場等待上機。

常言道：「中國的會爆炸。」

第一次在深圳乘內陸機，難免有點擔心生命安全，不過幸運地，除了臨起飛時更改了登機閘口，一班人要在機場奔跑之外都沒發生甚麼事。

起碼我仍能呼吸逐漸失去自由的空氣。

飛機在跑道上顛簸加速，利用我不理解的物理法則擺脫地心吸力，升到半空。

或許人也一樣，總想擺脫甚麼，卻又吸引著甚麼。

「今次我們主要做 planning，但預計也要做一些 annual 的工夫。」Daisy 說，她是 Y 集團項目的負責人。

我們一行六人坐在附近，見 Daisy 準備講解便放下手上的雜誌，畢竟她那一屆人搬弄是非的技術無出其右，正常也沒有人願意得罪她們。

雖然總有些人是不正常的，但這是後話了。

「因為 annual 的時候會比較趕，所以今次除了 planning 的工作，例如執 walkthrough[31] 之外，也要預先做一部分的 testing 和收集文件。」Tina 說，她比我們早一年入職。

31. Walkthrough test，在理解客戶各個範疇的內部控制程序之後，審計師會以文字和流程表（system note / system flowchart）的形式記錄，而作為該內控程序實際上有執行的證明，審計師會根據不同的流程向客戶索取各個控制點產生的證明文件，例如有恰當權限人士覆核簽名的憑證、會計系統截圖、收據等等，以針對內控程序的設計和執行（design and implementation）。

「那我們時間和日程如何安排？」Levart 問，她和 Queenie 坐在我和 Gerick 的前面。

我們四人同期入職，Gerick 和 Tina 在年審時就是跟 Daisy 一起做 Y 集團的項目，幾乎每天都通宵達旦，天色破曉才回家。

「我們第一個星期先留在鄭州的總部，之後就要分三隊，因為要去三個地方。」Daisy 說：「我再想想人手分配，

不過放心，今次工作應該不會太 wok。」

「哈哈，可能 wok 在其他事上。」Tina 說，而 Gerick 則笑而不語。

事實上 Y 集團的傳說我們早有耳聞，只差在親身驗證。

解釋完畢，我們各自回到自己的空間，從深圳到鄭州需要三小時。

三個小時說長不長，至少不足夠慢慢做完一份 QP 試卷；但說短亦不短，一首四分鐘的歌，可以聽四十五次。

百無聊賴之際，我開始拿著筆在餐紙上亂寫，寫了甚麼我當然忘記了，反正時間就這樣過去了。

到達鄭州機場，客戶派來迎接的司機黃師傅早已在大堂等待我們，十月份的天氣是忽冷忽熱，縱然是北方地區，也不見得特別寒冷，一件薄薄的外套已經非常足夠。

黃師傅熱情地招待我們坐上他那簇新的七人車，在低垂的夜幕中奔馳，車上除了 Daisy 用她的台灣腔普通話和黃師傅噓寒問暖之外，就只有空調和倒後鏡上掛著的平安符互相碰撞的聲音。

車外是昏黃的路燈和高聳的建築物，不與天爭高的哲學早已成為一個笑話，車子在狹道中轉了又轉，不久就來到酒店，和黃師傅一起吃了今次旅程中難得的正常晚餐。

翌日早上，在酒店大堂集合後黃師傅便送我們到 Y 集團的總部。

Y 集團是中國其中一家能源公司，主要經營管道燃氣、管道建造工程、壓縮或液化天然氣，總部在鄭州某幢甲級寫字樓內，五分鐘的路程之內有一座大型商場，除了餐廳和一個專賣進口貨的超級市場外，就只有大量沒有客人的商舖。

聽某間咖啡店的店主說，以前商場的人流比較多，但自從政府開始打貪，商場方面就不能再送「購物卡」給官員，結果那些賣幾千元一件但只是女人街款式的店舖全部變得門可羅雀。

這個，大概是不親自到中國不能感受的一面。

在 Y 集團的總部，我們六人佔用了一個會議室，工作方面只是預先做九個月的測試和每人負責一部分 walkthrough。

老實說，不算太多。

第二天下班之後，客戶並沒有和我們一起吃晚飯，於是我們自己在附近的商場吃過飯後，便開始這次旅程其中一個重頭戲：購物。

Y 集團這項目採用向公司預支現金的方法來應付在外地工作的支出，所以無論是到超級市場購物還是吃飯，最重要就是貴，務求花光所有預算。

在超級市場要買最貴的東西，樽裝水要買崑崙山和 Evian，水果不時不吃，還要買面膜護手霜，零食要買進口貨，最貴的朱古力和果仁一定在清單之上，而且毛巾牙膏電動牙刷都不會放過。

第一次去超級市場就花了三千多人民幣，一個星期去兩次，反正不是自己的錢，愛怎樣花就怎麼花，大概就是這種心態。

因為 Y 集團實際有業務的地點在其他城市，所以我們留在鄭州總部時能夠做的，就只是整理所需文件的清單、執 walkthrough 和抽樣本。

「我們主要需要做銷售和採購的 testing，關於管道收益的 testing 比較麻煩，因為除了收錢之外還要看工程師的進度報告，但採購那些就很普通。」Gerick 說，一邊打開不同的 Excel。

Daisy 雖然額外分配其他工作給 Gerick，但他仍不忘向我們講解不同測試需要留意的地方。

「他們的文件整齊易找嗎？」我擔心 L 集團的狀況再次發生。

「還好的，但工程師報告要另外請工程部提供，所以先把要檢查的樣本告訴各自負責的公司的會計部員工，再讓他們安排會比較省時。」

「那就好了，最怕是文件亂放又殘缺不齊。」我說，Queenie 則默默點頭。

「聽起來要做的工作也不算太多。」Levart 說，她已經開始了抽樣本的工作。

「對呀，planning 是比較輕鬆，但去到 annual 時要做的事就變成現在的幾十倍。」Gerick 苦笑。

Gerick 跟 Daisy 和 Tina 在年頭的時候做 Y 集團的年審，當時看見他每天通宵達旦而自己則大多時都準時放工，其實有一點點過意不去。

「那麼要飲酒嗎？」Queenie 問，因為 Y 集團這項目同時是出名的飲酒job。

「應該跑不掉的。」Gerick 繼續苦笑：「但我最近正在吃藥，希望不用飲。」

「跟他們說你在吃藥應該可以豁免吧？」我說。

「希望吧。」

苦笑聲中，我們一邊做著手中的工作，一邊漫無邊際地聊天，工作竟然變成了一件輕鬆有趣的事，只是今天的晚飯卻一點都不輕鬆。

「你們今天早一點收拾東西，李總說要跟你們吃一頓好的。」負責接待我們的小馬用力把會議室的門推開，只留下了這一句。

結果那天未到五點，小馬又來催促我們，原來今晚晚飯的地點和公司有段距離，而我只是在心中祈禱，希望那個李總不要帶我們吃甚麼奇怪的東西。

還好，吃的是大漠風味的烤全羊，廚師把羊粗略分好，伴以孜然粉和乾辣椒，配上烤餅和粗糧，有種武俠小說中的豪邁不羈。

北方人的好客之道就是不醉無歸，李總一副不把兩支蘭陵王乾掉不心息的樣子，結果就乾了一杯又一杯的白酒。

而 Daisy，在回程時則直接嘔在黃師傅的座駕中。

好不容易大家才把她搬回房間，到第二天全部人都臉色慘白，無法想像接下來的日子要怎樣渡過。

但其實不用想像，因為隔了一天又可以再體驗一次。

「我們今天可能要跟另外一位總吃飯。」Gerick 用 Skype 開了一個聊天群組。

「吓？又來？」Queenie 輸入。

「那些總有沒有這麼空閒？」我說。

「因為今天下午 Joyce 會過來，我猜那班總一定會跟我們吃晚飯。」Gerick 說，還補充了一句「年審時都是這樣」。

「那也沒辦法吧。」寡言的 Levart 輸入。

「又要大杯酒大塊肉了。」我苦笑。

午後 Joyce 來到總部，這位 Joyce，也就是 R 集團項目的經理，她到達後主要和 Daisy 論及未來一年要怎樣做，過去一年有甚麼沒有顧及等等。

我們這些低級職員當然是閉上嘴低下頭默默工作，畢竟階級觀念經過「禮貌」和「尊重」等漂亮名詞的包裝，早已植根在每個人的潛意識裡。

Daisy 在 Joyce 身旁用奴婢侍候皇上的姿態附和，滿臉笑容，和她平常在公司數落 Joyce 說她甚麼都不懂甚麼都要問甚至直接叫她做「intern」時判若兩人。

或許虛偽，就是在社會工作的生存之道。

最後如 Gerick 所言，黃總知道 Joyce 來了，派人傳話說他在某家飯店訂了枱，叮囑我們要早一點離開。

對於飲酒，由於曾經有一段糜爛的大學生活，我自問沒有太大的問題。

但很快我就發現，我太天真了。

「喝！」不知誰人說：「我們今天有客人遠道而來，來，敬他們一杯！」

圓形的飯桌上，Daisy 和 Joyce 分別坐在黃總的兩側，桌上堆滿了不同的菜式，亦放了幾瓶蘭陵王，每人面前都有一壺一杯，壺中之物，自然是中國的蘭陵王世界的蘭陵王。

李白日：「蘭陵美酒鬱金香，玉碗盛來琥珀光。」

而我已經分不清是古人的味覺有問題，還是現代的白酒出了問題。

每一口的白酒都帶著一陣塑膠味湧向喉嚨，沿著食道直襲胃部，最後酒精帶來的炙熱感在腹中久久不散。

以前在大學灌伏特加竹葉青威士忌都沒有現在喝一口蘭陵王這麼難受。

「來，我們再喝！」另一個不知道名字的男人說。

就好像在玩遊戲一樣，當有人說「喝！」我們便要舉起酒杯，把那些不知道是甚麼化學元素組成的液體倒進嘴裡。

酒過三、四巡，我已經開始感到天旋地轉，明明早兩天去吃烤全羊的時候都是喝白酒，但都沒有這一次那麼難受。

黃總一直對著 Joyce「喝喝喝」，真的不明白中國人的待客之道到底是出了甚麼問題，有事無事只懂得喝酒，一味喝個爛醉然後以為萬事有商量，因為自己要盡地主之誼要厚待來賓就要強迫對方接受自己的一套，連正在吃藥理應不能喝酒的 Gerick 都無法倖免，更不用說樣貌娟好的 Levart 和 Queenie，一早成為了那些甚麼總的邀酒對象。

酒精或許令人作嘔，但人類的醜陋才是最嘔心。

最後我忘了自己是如何回到酒店如何梳洗，到我稍為清醒一點的時候我已經躺在酒店的床上，Gerick 則在播著香港樂隊 Killer Soap 的歌。

「Gerick，」我頭有點痛，但還未想睡覺：「你差不多全年都跟她們，會不會很辛苦？」

「會呀，」Gerick 蓋上電腦，把房間的燈光調暗：「不過都沒有選擇。」

「說的也是，」我看著房間陌生的天花說：「有時我會覺得自己很沒用，好像甚麼都不懂，不明白為何其他人那麼厲害，好像 Marcus、好像 Tina、好像你那樣。」

「那你又不要拿最厲害的人出來比，」Gerick 笑說：「而且我也很沒用，經常做錯事，只是你們不知道而已。」

「哈哈，我也做過些很蠢的事然後捶罵。」又回憶起自己直接找老闆對話那一幕。

「所以沒有捷徑，唯有自己留心一點、努力一點，花多一點時間在工作之上。」

「嗯，唯有是這樣，」我說：「睡吧。」

「嗯嗯。」

我仍舊看著陌生的天花，對未來，忽然有點茫然。

星期一早上，我們正式兵分三路，到 Y 集團三個有主要業務的地方。

冒著針般的細雨，我和 Tina 帶著各自的行李登上的士向火車站出發，從鄭州去一個叫臨沂的地方。

從鄭州到臨沂，共隔了五百公里，客戶安排不了私家車，只可以讓我們自己坐火車到附近，讓臨沂那邊的員工再接頭。

當時我和 Tina 面對兩個問題，一是直接從鄭州到臨沂的話，就只有晚上的火車，我們便需要在火車上渡過一晚；二是日間的火車不能直達臨沂，只能讓我們到徐州再轉車。

最後我們選擇了到徐州轉車，畢竟我們還沒有要在火車上過夜的心理準備，而客戶亦答應讓臨沂的員工在徐州站迎接我們。

在火車上搖搖晃晃了兩個多小時，我和 Tina 總算到達了徐州車站，在

車站附近吃了個 KFC 早餐，然後又是兩個小時的車程，除了途中在油站下車稍微伸展筋骨，整個上午都是窩在細小的車廂裡，看著車外的風景快速倒退。

我在想，這一年間我去過泰國，也到過中國不同地方見識過不同公司的運作，這種經驗大概只有我們這一行才會有吧？

Y 集團的臨沂辦公室是一幢三層高的簡單建築物，中間是用來停車的天井，地下一層是財務部的辦公室，二樓則是營運部門和經理們的房間，至於三樓則是會議室。

我和 Tina 留在地下的辦公室，正好方便我抽單，不用走上走落。

聽 Tina 說，Y 集團在臨沂有兩處辦公室，兩者隔了一條涑河，我現在身處的暫時稱作一號，而另一處則是二號。

「你先開始抽單吧，竣工報告和新建管道合同要讓他們另外去找，」Tina 一邊開啟電腦一邊說：「我們這兩天會留在這裡，星期三四去二號，星期五再回來。」

「好的。」我開啟那幾張抽好了樣本的測試。

「因為這邊員工的工作速度是超、級、慢，所以你盡量做，然後叫二號的員工準備文件給你，到星期三就可以馬上開始，星期五回來再完成這邊剩低的手尾，那就應該夠時間，你明白嗎？」

「嗯，明白。」我說。

「上星期我們不是把 request list 給了客戶嗎？我跟二號的員工說，讓她們先把我們需要的憑證抽出來，到時就不用浪費時間找憑證。」Tina 接著說。

「好的，沒問題。」我準備工作，雖然距離客戶下班的時間還剩下不足一個小時。

「哎喲美女，好久沒見了！」辦公室門外探出了一個陌生中年男人的面孔。

「蔡總！好久沒見了！」Tina 熱情地回應。

「這麼遠過來真的辛苦你們啦，」蔡總說：「咦，這位是新同事嗎？怎麼之前都沒有見過呢？」

「不辛苦不辛苦，」Tina 笑道，然後指著我說：「對呀，他今年是第一次來的。」

「蔡總你好。」我把卡片遞給蔡總。

「好好好，我們今天晚上去火鍋店好嗎？」蔡總把我的卡片放進口袋裡：「這邊新開一家吃火鍋，我們去嘗嘗。」

「好呀！」Tina 誇張地回應。

「那快點收拾東西啦。」蔡總說，原來是要借我們來提早放工。

「現在就去了嗎？」Tina 說，其實現在不走，四十分鐘後也是要走的。

「對呀，晚了人多，我們早點吃飯你們早點回去休息一下。」聽起來很有道理。

「好呀，那你等我們一下。」Tina 說，回頭向我打個眼色。

二十分鐘後我們已經坐在火鍋店內，一人一個小鍋，有些免費的醃漬食物可以作前菜，而火鍋配料則是逐樣散叫。

蔡總點了一些蔬菜豆品，還有豬牛羊各一碟。

「要喝酒嗎？」蔡總問。

「不不不用了！」我和 Tina 馬上揮手搖頭，畢竟上星期喝了不少，實在不想再喝了。

「那麼來三杯玉米汁吧，」蔡總呵呵地笑著：「其實呀，你們不想喝也不能勉強你們的，上個星期跟黃總喝了不少吧？」

我和 Tina 支吾而對，始終蔡總和黃總同樣是 Y 集團的總級人馬，在其中一位面前說另一位的不是似乎不太好，於是 Tina 把話題輕輕帶到蔡總身上，才發現原來他的老父生病了，明天就要回家鄉，所以才急著找我們吃這頓洗塵飯。

飯桌上沒有難以下嚥的酒精，沒有辣得味覺麻掉的川菜，也沒有虛偽的面孔。

有的只有一位親切的長輩在分享他的故事，從他那個生病的老父到愛看周杰倫的兒子，從中國到香港，從公事到私事，直到喝完最後一口玉米汁，我才發現這是兩星期中吃得最自在的一頓飯。

第二天一早回到一號的辦公室，我便追著財務部不同的大媽要這要那，我把需要的文件重新列了一份清單，交給其中一個大媽，然後再找另一個大媽幫忙準備臨沂一號管理的子公司的報稅表和完稅證明。

把責任推回客戶身上之後，我便可以專心做好手上的工作。

「我有點擔心這邊的進度，我昨天讓她們準備的文件完全沒有動靜。」Tina 說。

「我這邊也是。」我正打算把一份不相關的文件還給其中一位大媽。

「我看我們多留一天吧，二號我猜一天都可以。」

於是我們更改了原定的計劃，在匆匆忙忙的節奏中又渡過了一天。

工作的時候因為太忙，時間總是過很快，最難過的時間反而是和 Tina 單獨晚飯的一個小時。

嚴格地說我們只是彼此知道對方名字的同事，聊天的話題不外乎是工作、出過甚麼 job、和誰出過 job、未來要出甚麼 job、未來要和誰出 job 之類，總之都是十五分鐘內可以完結的話題，但我卻要單獨和她相處五天。

突然，我明白了 Minnie 和 Scarlett 的感受。

　　Tina 的憂慮是正確的，昨天的大媽仍然沒有弄清楚我需要的是甚麼文件，又幾乎花了我一個上午去重新講解，能夠幫得上忙的就只有那個比我年紀還少但已經有一個女兒的員工，不是她從旁協助的話大概我連一份文件都拿不到。

　　到了今天，我已經開始想念香港的每事每物，雖然之前都試過在中國兩星期，但起碼週末都會回香港，我已經不想再吃油浸著的餸菜，不想再吃辣，不想再在中午喝酒了。

　　然而上天總愛跟你開玩笑。

　　星期四那天我們前往二號辦公室，來到一幢彷彿爛尾未完工的建築物，辦公室門前的停車空地是一塊泥地，而樓層之間的樓梯則是沒有鋪磚的廢墟風格，除了房間之外，走廊一律沒有開燈，幽暗中帶有一種詭異，而 Tina 只是用一副「沒事的這裡是這樣」的表情來安慰我。

　　到達二樓的會議室後，我和 Tina 跟財務部的各位大媽和二號這邊的負責人張總打聲招呼後便馬上開始工作，因為只有一天留在二號，其實有點緊張。

　　而更令人緊張的，就是根本沒有說好的「她們會先把憑證抽出來」，害我像個瘋子一樣質問大媽們那些「抽了出來的憑證在哪」。

　　不過，幸運地二號這邊的大媽比一號那邊的更樂於助人，她們知道我和 Tina 只有一天留在二號後馬上幫忙找憑證，最後在她們的協助之下，一個上午已經差不多完成了這邊的測試。

　　當我心想吃完午飯後應該可以輕鬆完成餘下的工作之際，我看見張總叫人把一箱紅酒和三四支蘭陵王搬上車，然後一滴冷汗自我的額角滲出。

　　「來來來我們好好吃頓飯！」張總笑得很開懷，不知道是因為有審計自遠方來還是因為午飯可以喝酒。

　　我們一行近十人來到一家酒店的中菜廳，我果然沒有看錯，那箱紅酒和三支蘭陵王都是為了這一頓飯而設的。

　　和上次跟黃總吃飯時一樣，桌上放了一壺一杯，席中每個男人的面前都放著滿滿的一壺白酒，而女人則喝紅酒，這個似乎是張總的意思。

　　「這一壺呀，就差不多是半斤呀，」張總看著壺中物，接著說：「以前呀你們審計有個人來這邊，一來就說『來喝』，然後一口就乾了半斤。」

　　「不是吧？」我瞪大眼睛，不知道是張總是在「吹水」還是真的有酒膽這樣大的人。

　　「但她之後胃腸炎進醫院啦，之後我都怕啦，」張總頓一頓：「所以我們不用急，慢慢喝好吧？」

　　「她在說 Daisy，早兩年她和上海 office 的同事過來，結果喝到腸胃炎。」Tina 壓低聲線說，不過張總還是聽到了。

　　「對呀，就是 Daisy 啦，她現在怎樣了？還有喝很多嗎？」張總笑說，第一道菜上了，是冷盤。

　　「她現在是項目負責人啦，上星期在鄭州那邊還有喝，有一天她都喝到在車上吐了。」Tina 不好意思地說。

　　「哈哈哈，年輕人呀，」張總拿起酒杯：「來，我們敬從香港來的朋友一杯，希望以後都能合作愉快！」

　　「合作愉快！」我和 Tina 和應道，然後又要把塑膠般的白酒灌進胃裡。

　　隨著侍應端上第二第三第四道菜，每次張總都要說一番說話，又合作愉快又緣相聚是難得，結果酒過幾巡他已經詞窮，便把祝酒的任務交給其他人。

　　而我就只能一口接著一口的把五十度酒精注入身體內，心想北方人的基因是否天生能過濾酒精，讓他們能夠千杯不醉？

　　到底在中國就要飲酒這個文化要到甚麼時候才能終結？為何明知道飲酒傷身卻偏要把茅台高粱二鍋頭當成餐桌的必需品？

　　我不明白，但我最不明白的，是我到底如何在一個天旋地轉頭痛欲裂的情況下假裝自己是清醒，還能完成剩下的工作和向客戶交待未處理的事情。

　　星期五的早上，帶著半點宿醉的不適感，我和 Tina 又回到一號辦公室，這天的晚上我們會直接從臨沂機場飛到深圳再回港，Tina 早已放話說今晚大概又要再吃一餐了。

　　但這刻我除了擔心自己的胃和肝之外，就只能集中精神處理未完成的測試。

　　還好一號的大媽們在最後一刻真的把我需要的文件都準備好了，完成了手上的工作後我甚至有一個可以看《Running Man》的空檔，至少能讓我用一個輕鬆的心去面對晚上的飯局。

　　最後如 Tina 所料，蔡總今天從老家回到臨沂辦公室，連同整個財務部的員工一起到星期一我們吃過的火鍋店吃香喝辣。

　　煮了一碟又一碟的牛肉，喝了一杯又一杯的白酒。

　　我的胃早已經撐不住，幾次帶著不穩的腳步衝進廁所把來不及消化的食物和分解不了的酒精通通嘔出來。

　　我看著鏡中的自己，已經分不清那些人是熱情好客還是存心要戲弄我們這些諸多問題的審計師，但嘔吐過後，還得嘻嘻哈哈地繼續陪笑陪飲，或許我們根本沒有選擇。

　　帶著虛弱的胃部和兩盒臨沂盛產的合桃和紅棗，我和 Tina 來到臨沂機場準備離開，但今次的旅程卻還沒有完結，因為原定八點起飛的航班延誤到我都已經酒醒的十點，渾渾噩噩的在機上待了三個小時，從寶安機場到皇崗口岸，從皇巴到的士，回到家中已經是清晨三點。

　　回到香港後過了幾天，我把從臨沂收集到的文件交給 Daisy，她如常地和她的好朋友們坐在辦公室少數可以看到維多利亞港海景的位置。

「哎呀，辛苦你了。」Daisy 誇張地說。

「不辛苦，應該的。」我笑說。

「總之就謝謝你啦，」Daisy 把文件收好：「喂你這星期六有空嗎？」

「噢，有甚麼事嗎？」我問。

「她們說星期六去 BBQ，打算和你們 batch 的人一起去，」她指著她身邊的好友：「差不多 peak season 嘛，和你們增進下感情。」

「哦，好呀，那天我 OK。」我微笑回答。

「我就知道你是『叻仔』，」她拍拍她身旁的女人：「還有呀，她是你未來的 AIC。」

「咦？」我就站在她們那個圈子中，任由擺佈。

「我們幫你轉了 schedule，今年 peak season 要跟 Mandy 呀。」Daisy 說。

「Hello。」那個叫 Mandy 的人只是稍微提頭。

「噢，好的。」

「做 listed client 呀，總好過做 private company 啦。」Daisy 越說越興奮：「記得好好侍候你的新主子，可能她和 Flora 會給你 high pay[32] 喔。」

「嗯嗯，謝謝。」我笑說：「我也差不多要回去工作了。」

「好啦不阻你啦，記得星期六不要爽約呀，不然你就死了。」

「知道。」我轉身離開，收起面上噁心的笑容。

即使意識到這是她們用來建立自己勢力的手段，我還是選擇給自己添上一個面具。

32. 在四大中，除了第一年之外，人工會根據工作表現作調整，大致可以分為頂（top pay）、高（high pay）、小高（sub-high pay）、中（normal pay）、低（大概無法升職）。雖說是視乎工作表現，但有更多時是看有沒有位高權重的人支持，有不少 high pay 的例子都是因為某些員工得到經理們的歡心，即使在工作能力上稍遜，仍然可以爽領高薪，當然，也有些 high pay 的人是實至名歸能力超卓，只是兩者之間未必有直接關係。

　　反正到後來我發現，就算在測試中記錄了有問題的抽樣背後的原因，到最後還是會被人改走，大概多一事永遠不如少一事。

　　然後我想起一位前輩的一句話：

　　「有時候除了努力，找一個好的碼頭和靠山都是很重要的。」

　　不論付出的是腦力、勞力還是尊嚴，每一個人都只希望自己的付出能夠得到回報。

6/ 總有幾個轉捩點，會讓你認清自己

人生就是不停的選擇，而選擇就是放棄。

投向了眼前利益，就得摒棄內心的某部分；擁抱了本心的呼喚，就得和名利交錯。

回到金鐘那個人來人往的商場，極高的天花讓人變得渺小，從電梯逐級逐級向上爬，卻連終點在哪都看不到。

十月份的最後一個星期，我跟著 Mandy 做另一個項目的 planning，所謂的「埋堆」讓我在 peak season 負責的項目從一間小小的私人公司變成上市公司。

這一切都是 Daisy 她們的安排。

「我聽說你很 wok 得喎。」Mandy 說，的士剛好離開西隧。

她是我新的 AIC，是透過搬弄是非和賣身給公司換取權力的其中一人。

「怎麼會呀，你聽誰說的？」我說，心想哪個仆街這麼大整蠱。

「很多人都這樣說，放心啦，我會分多一點工作給你，嘻嘻嘻。」Mandy 用她獨特的笑聲配搭著可怕的話，當時的我分不清她是認真還是開玩笑的。

的士轉進了葵芳工業區，在一個運動場旁邊放下我和 Mandy，一幢以 H 集團名稱命名的工廠大廈就在眼前。

我隨著 Mandy 步入升降機，在裡面看到鏡子中的自己，忽然有種陌生的感覺。

H 集團的主要業務是成衣加工和製造，以絲綢製品聞名，廠房在東莞上海等地，總部則在香港，總部佔用了大廈的其中兩層作辦公室，財務部和公

司秘書則在辦公室的其中一角。

「May，很久沒見啦，今次帶了一個靚仔給你。」Mandy 一邊嘻嘻一邊把我拉出來。

「你好。」我尷尬地遞上卡片，這個叫 May 的人是財務部經理。

「你好呀，Mandy 很久沒見。」May 摘下銀絲眼鏡，站起來接過卡片。

「我們今次過來做一星期 planning，之後一月再來。」Mandy 的笑容永遠都非常深刻，大概是因為她的臉很圓的緣故。

「好呀沒問題，有甚麼需要跟我說，」May 笑笑，然後向著我說：「哎呀，你不要這麼緊張啦。」

而我只能尷尬地笑。

「如果有甚麼問題找我或是 Ivy 都 OK。」May 指著她身邊的女人，她是副經理，看起來比 May 年輕一點。

「嘻嘻，有甚麼問題我一定抓著你問。」Mandy 說。

寒暄過後，我和 Mandy 回到自己的房間，昏黃的燈光還有吱吱作響的風扇是房間的背景，聽說中央冷氣壞了，十月份即使有風扇，房間內還是難免感到悶熱。

「那麼這星期你就幫手做 control testing 跟香港那部分的 walkthrough 吧。」Mandy 說。

「OK。」我回應道，做 testing 我猜應該難不到我，還是多花一點時間在執 walkthrough 上比較好。

「我稍後把 GL 給你，你先做九個月的 testing，剩下的 annual 時再補，」Mandy 說，手指一直沒有離開鍵盤，不斷敲打：「至於 walkthrough 你盡量做吧，做不完我會執手尾。」

「我會盡力。」我說，不久之後就收到 Mandy 的電郵。

「Client 的 sales 呢，單據不在香港，不過可以問 shipping department

借電腦，他們會掃瞄所有的送貨單和發票，你用那些紀錄來做 testing 就可以，」Mandy 說：「你遇到問題再跟我說吧。」

同為成衣公司，H 集團和 L 集團也有相似的地方，但在文件存檔上 H 集團完勝 L 集團，這就是上市公司和私人公司在內部控制方面的分別。

「沒有問題。」我打開 GL 開始抽樣本。

其實要在一個星期內做完時間上有點緊迫，而且嚴格地說因為有兩天要上全日的 QP 速成班，我只有三天的 booking。

然而該死的自尊心作祟，最後我竟然把分配給我的工作都做完了。

這星期過後是一連串的 training，由於公司劃時代地轉了審計系統，從以前的單機系統轉成伺服器模式，所有的資料都會上傳到特定的伺服器。

從舊系統過渡到新的系統是一個漫長而痛苦的過程，因為新的系統隱藏著大量的漏洞，Excel 會無故沒有反應也無法存檔，電腦會當機會變慢，而且新的系統還要求你為每一個審計項目重新度身訂造不同的 RoMM[33] 和相應的程序。

這一切一切，都使本來嚴峻的工作雪上加霜。

整個十一月，除了是關於新系統的速成班，就是被安排到不同的項目幫忙做系統過渡的工作。

每天把底稿從舊系統傳送到新系統，然後把因為新舊系統不相容而失去的資料補回去，例如底稿中的 breakdown、連結、甚至是死掉的算式。

就這樣毫無意義的過了幾個月，二零一三年悄然落幕。

33. RoMM，Risk of Material Misstatement（引致重大錯誤的風險）的簡稱，審計師要針對財務報表上每一個項目，分析其潛在的 RoMM，再制定相應的程序去應對。

　　二月份早上的風吹得正狠，我獨自走在行人天橋上，繞過了劇院，經過了運動場，來到葵芳的末端，看似沒有盡頭的天橋一直向著山邊延伸，到中途轉彎拾級而下，去到那外牆斑駁的工廠大廈。

　　上次來的時候，空氣中還夾帶著悶熱的風，現在已經到了要戴著厚頸巾的季節。

　　時間的輪動沒有因任何事而減慢，只是按著它固有的節奏向前。

　　二零一四年煞有介事地隨著一封附帶著工作分配和時間表的電郵正式開始。

　　發送者，自然是 Mandy。

　　她從入職開始就做 H 集團的審計項目，去到第四年她正式成為項目負責人。

　　在電郵中列明了誰人負責哪部分的工序，甚麼時候需要做好，她何時會覆核，何時又會交給老闆覆核等等，條理分明，的確讓人有清晰的指引可以跟隨。

　　雖然去到後期已經沒有人再有餘暇理會這封電郵。

　　我走進電梯按下熟悉的按鈕，腦海中湧出關於 H 集團的片段。

　　負責 H 集團香港及南中國地區審計的一般來說會有四至五人，所謂的南中國地區即是在東莞、深圳及廣州的四間子公司，而香港地區共有近百間子公司要處理。

　　數量上看似很多，但其實真正有業務的公司只有二十間左右，其餘的，或許很久很久以前是負責某些項目或投資，但到現在一切都完了，只剩下一個空殼。

　　早在一月頭，另一位 senior Karen 和新同事 Kay 已經完成了南中國地區其中兩間主要子公司的審計。

　　而今天，大家正式聚集在 H 集團香港總部，總算是全隊人馬上陣。

雖然其實都只是可憐的四個人。

聽 Karen 說，她第一年到東莞那家叫 DLS 的子公司時，隨行的還有兩位 senior，而且會逗留一個半星期。

到第二年的時候其中一位 senior 升職為經理，結果剩下她和另一位 senior，但也有兩星期的時間，而且升了經理的那位會花一天到東莞即場覆核，她們則即場清 Q。

真正是「在東莞發生的，就讓它留在東莞」。

但今年卻只有 Karen、Kay 以及另外兩位路過的同事，她們分成兩組用兩個星期各自完成兩間中國子公司，為了完成工作，她們回到酒店都要工作到兩三點。

日日如是，到回港後自然還有一堆手尾要跟進。

「叮。」電梯門徐徐打開，我花了三秒才記起應該要轉左，還是轉右。

「早晨，我是 auditor，請問我們用哪間房？」我問。

「那邊第一間。」接待處的姨姨瞄了我一眼，然後看一看她的右邊的走廊。

「謝謝。」我經過走廊前的兩尊木雕笑佛，來到會議室的門前。

門是關閉的。

我輕輕敲門後把門推開，房間內沒有人，一張黑色橢圓形的桌子放在正中間，桌上堆滿了文件、檔案還有零食，四張椅子並排相對。

我選了離門口最遠的位置坐下，除了距離令人安心之外，更重要的是我看見桌上的內線電話被突兀地拉到最靠近門口的位置，我猜那個位置的主人應該是 Mandy，根據上次的經驗，只有她才會常用到內線電話和客戶溝通。

因為不想坐在她的旁邊或對面，我只好挑她的斜對面，亦即是房間內的角落的位置，然後希望自己的推理沒有錯。

「早晨。」Mandy 不帶情感地說。

才十多分鐘就印證了我的推測是正確的，Mandy 就坐在那個最靠近門口的位置，而 Kay 坐在我的旁邊，至於 Karen 則坐在我的對面。

有時長時間對著電腦熒幕，不經意抬頭伸展繃緊的肩頸肌肉時，都會不小心和她四目交投，不過那是後話了。

34. 一盤數基本上可以分為 profit and loss，balance sheet 和 equity 三個部分。Profit and loss 是指全年發生的交易總額，balance sheet 是各個帳目的結餘，而 equity 則是資本和儲備。關於分工的藝術，有時是直向分工，每間子公司的不同部分由不同人負責；有時則是橫向分工，一個人負責某幾間子公司的所有部分。不過無論用哪種方法，通常 testing 都會由同一個人包辦，以達到熟能生巧的效果。

35. TB，trial balance、試算表。所謂的入 TB，就是把客戶提供的 TB 輸入到審計用的表格中，以我公司為例，我們為 TB 中不同的項目分類（grouping），從 asset、liability、equity 這三大類開始，入完了 TB，就可以按照這個分類產生出一份財務報告的草稿，而報告上的每一個項目又會連接著一張名為 leadsheet 的 working paper，在 leadsheet 中就會仔細列出這個項目包含了那些帳目。假設客戶的 TB 中有不同的開支，比如租金文具交通水電之類，在 TB 中會全部歸類為「行政費用」，以一個總數出現在財務報告上，而在「行政費用」leadsheet 才會顯出不同開支的金額；根據不同 leadsheet、不同項目、不同金額都會各自有審計程序去對應，以減低潛藏的 RoMM。

「早晨，」Karen 是最後一個步入會議室的人，她把黑色大衣掛在椅背後，急忙地拿出電腦：「Sorry 呀，我又遲到。」

「不緊要啦。」Mandy 說，但我們每個人都知道她是介意的。

「對呀，你住那麼遠。」Kay 說。

的確對一個住在港島東末端的人來說，葵芳實在有點太遠。

「既然人齊不如我再說一次接下來的工作吧，」Mandy 沒有理會 Kay，只是把電腦轉向我們，畫面是她發給我們的工作分配表：「嗱，因為 H 集團是 listed client，在時間上會比較緊張，東莞和深圳那一部分上星期 Karen 和 Kay 應該完成了，那接下來我們就全力完成香港的 com level，到大約二月中我就會開始 review。」

Mandy 頓了一頓，然後接著說：「到我們完成了 com level 之後就合力把 consol 完成，應該就沒有問題了，我想。」

「OK。」我說，試著給她一點反應。

「我們就 by section[34] 分工，Karen 負責做 balance sheet，Timber 你負責做 profit and loss，Kay 你就幫手入 TB[35] 和全部 testing。」Mandy 說：「他們香港 com level 其實只有幾間有數，之前都清了一堆沒有業務的細公司，剩下大約十間左右，其中有兩間比較複雜我會自己做，其他就交給你們。」

「OK 沒有問題！」這次輪到 Kay 給反應。

「你就盡快完成你那幾間中國 com 啦。」Mandy 回頭向 Karen 說，而 Karen 亦只能苦笑地點點頭。

從 Mandy 手中取得了香港各家子公司的資料之後，我便開始研究自己負責的部分。

之前做的項目，尤其是舊系統時代，很多時都沒有見過一間公司全套的底稿，自從轉用了新的系統，所有的東西都放在同一隻項目檔案中，然後上傳到伺服器，我們要事先溝通好誰做哪部分的底稿，然後定期跟伺服部同步來更新進度。

雖然過程中帶來了很多麻煩，例如不同的人同時更新同一張底稿的話，就只能保留其中一人做的更改，另一人的努力就煙消雲散，但新系統的確令人更容易掌握工作的進度和全貌。

「Kay 你現在先入 TB，雖然還欠幾間公司，但邊做邊等吧，」Mandy 指著我說：「有甚麼不明白就問他。」

「好的！」Kay 說，就和我以前一樣，甚麼都說好。

但其實入 TB，有時是幾 wok 的。

「Sorry 呀，我想問這個應該怎樣做？」Kay 問，我看她已經研究了一段時間。

「讓我看看。」我把椅子拉近她。

沒有想到一年前的自己還是個甚麼都不懂的新人，今日竟然要指導別人。

「我研究了很久，但還是不明白。」Kay 面有難色，大概是懼怕坐在對面一臉臭屁的 Mandy 吧？

畢竟 Mandy 和 Daisy 那一班人最常做的事就是互通消息，哪個員工樣貌姣好、哪個聰明機靈、哪個呆若木雞、哪個有錢哪個窮等等全部都是他們茶餘飯後的話題。

如果不是 Mandy 對 Queenie 有偏見，而 Daisy 又想把女神 Queenie 借花獻佛給她跟開的高級經理，我想坐在房間內的仍然會是 Queenie。

「讓我研究一下，因為我去年都沒有做過。」我如實說，免得做成期望和現實的落差。

「＿？」這是我打開客戶 TB 後即時的反應。

那個有數千行的 Excel，從左邊開始是帳目編號，然後是帳目名稱，最後是金額，只不過相同的名稱又有幾個不同的編號，令人頭暈眼花。

「我見他們一個帳目又有好幾個編號，但和我們自己的 TB 又有分別。」Kay 無奈地說。

「先看看。」我開啟我們自己的 TB。

果然，兩者只有部分的細項是帳目編號和帳目名稱完全一樣，其餘則有些是其中一個相同，有些則完全不一樣。

我抓抓頭皮，一時間看不清箇中的原理。

我再仔細地研究客戶的 TB，其實他們的編號是有一定的格式的，每組由六個數字組成，資產全都是「1」開頭，支出則是「6」，但六個字之後還會跟著一堆「.000」、「.001」、「.018」等等的不明數字。

「不如問一下 May 吧？」我說，與其躲在房間裡費煞思量，倒不如直接問個明白。

「有甚麼要問？有甚麼要問？」Mandy 突然摘下耳筒，想不到她聽歌之餘都有留意到我們的對話。

「我們不太看得懂客戶的 TB，所以想找她們問問。」我說。

「哦，那些 000 呀 001 呀是他們的 cost center，供他們內部使用而已，入 TB 時全部加在同一個 account 就可以，」Mandy 說：「不要事無大小都問她們，免得麻煩到別人，有甚麼可以先問我或者 Karen。」

「但我們的 TB 的帳目名稱和編號跟客戶那個都有出入，那是要逐個對嗎？」我問，原來 Mandy 一早就知道答案，真不愧是同一個項目做了四年的資深員工。

「嘻嘻嘻，不如你幫幫他們。」Mandy 祭出她的招牌笑聲，然後望向 Karen。

「哦，有機會是客戶以前轉過系統，所以編號不同了，而我們又不會刻意花時間改自己的 TB，於是就出現了差異。」Karen 溫柔地說：「可以先把相同編號帳目加起來，再用 vlookup 和我們的 TB 配對，找不到再算。」

「OK，我們先試一下。」我說。

最後我和 Kay 先用「sum if」來解決有多個 cost center 的問題，再利用 vlookup 把大約七成的細項配對，其餘的就只能慢慢用雙眼 eye lookup 了。

當我們入好所有 TB 時，已經花了差不多兩天。

「Kay 你記住入完 TB 就開始做 testing，因為數量都頗多。」某一天的早上，Mandy 好心地提醒。

「知道。」Kay 說，她是一個很聽話的女孩，工作認真而且願意學習。

「你記住做 sales testing 的時候要留意不同的日子，如果不合理那些呢，你就……嘻嘻嘻，你明白吧？」Mandy 說，明明是想叫人自己放飛機，偏要說成你自己領悟出來。

「嗯，我想我知道怎樣做的。」Kay 點點頭，繼續回到她的工作裡。

不用做測試是一件令人心情愉快的事，因為採櫻桃浪費時間，但動手改紀錄中的資料又過不了自己那一關。

就算再認真去做，到頭來都只會被改成一堆飛機，付出的努力完全白費，到頭來我們做審計的目標都只是在測試中寫明「no error noted」這幾個字。

現在我只是離遠了廚房，看不到殺生的情況罷了。

回到沉悶的工作裡，入完 TB 的下一步，就是更新每一個項目的 leadsheet，Kay 包辦了所有公司的測試，我和 Karen 則各自負責所有損益表項目和資產負債表項目的 leadsheet。

其實這種分工還是有一個壞處的。

「咦，我想問下 KOL 的營業額是不是增加了？」Karen 問。

「KOL？」一下子我反應不過來：「哦，即是四號？」

之前我提過，H 集團在香港有近百間子公司，而主要有業務的大約有二十間，每一間公司固然有自己的名字，但為了方便起見客戶內部為每一間公司起了一個簡稱。

而我們又按照每家公司的規模等等因素幫它們排序了，因此一間公司除了有全名之外還有簡稱和編號，把 H 集團全部子公司的名字記住成為了我們其中一個課題。

「對呀，就是四號，因為我見他的 account receivable 大了，想知道今年的銷售是不是都增加了。」Karen 解釋說。

「噢，你等等，」我打開 KOL 的銷售 leadsheet：「沒錯，今年營業額增長了接近 13%。」

「謝謝。」Karen 微笑，臉上泛起深深的酒窩。

「不用謝。」我連忙低下頭來，回到看不見盡頭的工作。

我們各自負責各家公司的某些部分，但一間公司的財務表現其實環環相扣，年末銷售會影響到應收帳款，存貨變動又會反映購貨量，只做損益表或資產負債表的項目等於以管窺天，只能探其一二而忽略全貌。

日曆無聲無息地揭到星期五，經過了這個星期的努力，我逐漸掌握到工作的節奏，至少記住了主要那幾家子公司的簡稱和主要業務。

「不如待會兒一起去問今年 fluctuation 的解釋 36 ？」我用 Skype 跟 Karen 說。

「哦？」她回應。

「你不是說過銷售和應收帳款的資料要找阿 Ken 嗎？」我記得 Karen 提過負責這部分的人，就是財務部中唯一的男人。

「噢，對呀，不過他很長氣的，可能會解釋很長時間。」Karen 回應。

「嗯，那麼午飯之後去？」我說，和她一起去的話就能減少阻礙客戶工作的次數。

「無所謂呀。」她打了一個笑臉的表情符號。

36. 解 fluctuation，也就是 substantive analytical procedure 的一種，比較同一個項目在不同時期的變化，找出相應的合理解釋，是在 leadsheet 中的其中一項工作。

明明坐在對面，但我們卻要透過看不見的電波來溝通，或許是因為 Mandy 的氣場太強了，在房間裡根本沒有人敢主動出聲。

早上的時間並非過得特別快，而是本來就只有兩三小時辦公時間，一眨眼又來到午飯時間，H 集團會為員工提供免費午餐，算是員工福利的一種。

然而我們不會知道當天的菜單，所以每一天吃午飯，都是一場賭博。

撇除味道，這段時光中最放鬆的，就是每天午飯的一個小時，有時我會介紹她們聽《笑談廣東話》，然後一起笑到無法吃飯，有時會因為 Karen

假裝自己吃了很多但其實根本沒有吃過而大笑一番，有時 Kay 會突然說冷笑話，甚至連 Mandy 都會跟我們有講有笑。

大概如同眾多的故事，一切的開端都是平靜而美好。

午飯過後，我和 Karen 找 Ken 問他關於本年度整個集團的銷售情況及對應收帳款的影響，然後 Ken 從集團的地理位置到歐債危機的問題到農曆新年的時間到個別客戶的業績表現再回到集團內部的收數程序以至和客戶的關係來解釋今年的數據變動。

總之，他說了很多，途中不斷用計算機快速地演算各個因素的影響，我要很用力才能記住他的說話，和忍住不笑出來。

「今天星期五，我們不要留太夜。」Mandy 把電腦蓋上。

「好呀。」我馬上和應，能夠早放工絕對是一件好事。

「走之前，我們先看看進度，」Mandy 說，然後用她的銳利目光掃向我們：「Kay，你的 testing 怎樣？」

「我做完採購和支出，現在準備做銷售，會開始抽 sample。」Kay 說，語氣繃緊。

「那麼你自己決定 weekend 要不要預先抽 sample，不過都 OK 的，如果你覺得可以按時完成。」Mandy 說。

「如果要幫忙就開聲，我可以幫手。」我說。

「哇，那麼厲害？你真的有時間可以幫她？」Mandy 問。

「嗯，應該可以。」我說，不知道自己是否說錯了甚麼。

「不用啦，我 OK，可以自己處理的。」Kay 笑說。

「嘻嘻嘻，你可以幫人那進度進該 OK 啦，那我不問你了。」Mandy 說。

「我做好那些已經 sign-off 了，你可以看看。」有部分比較簡單的公司我已經完成了，只剩下最大那兩三間。

「那你呢？」Mandy 看著 Karen。

「唉呀 Fu_king Chau 開了很多 Q 呀，我 weekend 會做的，香港公司沒有問題，下星期可以完成。」Karen 說。

她口中的 Fu_king Chau 就是那個以前有份做東莞現場審計、後來升了經理負責覆核的人，因為他中文名的英文拼法類似「Fu_king」，所以公司的人都暗地裡叫他「Fu_king Chau」。

「唉，那你快點處理中國那幾間公司，我不會理的，」Mandy 說：「別忘記你還有兩間細公司要你自己埋 com[37] 呀。」

「知道啦，下星期會做好。」Karen 一臉無奈地說，她負責的部分本來就較難，還要同時處理中國地區的跟進事項，怎可能做得完呢？

「我 weekend 會檢查你們的 working，再看看有沒有問題。」Mandy 把電腦塞進手袋裡，拿起了一疊文件便帶頭離開房間。

> 37. 埋 com，即是把一間公司的全部 working paper 做完，有時面對幾間規模較細的公司，會由一個人負責處理，不用分工。當然，礙於人手長期短缺，面對規模較大的公司，有時都只有一個人負責埋。

兩日假期快速流逝，補眠、打波、陪陪家人，然後星期一的早上我又走在那條天橋上，冷風仍舊不留情面地摑著路人的臉。

Kay 手上看似沒有終點的 testing 都已經逐一完成，中途難免會抽中日子不符金額不符貨物型號不符之類的交易，我們當然是有默契地用自己的方法把奇怪的地方變成合理。

至於我和 Karen 則繼續在不同的 leadsheet 上遊走，但她除了要做香港的公司之外，還要不斷跟進中國幾間公司的事項。

「我一早說了，那個利率是銀行合約寫明的！」Karen 對著電話說，整個早上她都被 Fu_king Chau 問這問那，根本沒有時間處理香港那堆公司。

「對呀，對呀！我問了幾次啦，連合約都影印了，合約上真的這樣寫。」Karen 沒好氣地說。

事緣東莞的子公司 DLS 今年向銀行購入了一些所謂的結構性理財產品，和人民幣對美元匯率掛鈎，在合約中寫明了不同匯率區間中各自的利率是多少，但 Fu_king Chau 在沒有看過那份合約的情況之下卻一直認為這種利率安排有問題。

「得啦得啦，我再打電話去問一下，但合約都寫明了，好的，好的，我待會打上東莞問。」Karen 說，連坐在一旁的 Mandy 都開始偷笑。

「他真的很煩呀，問問問。」Karen 放下手提電話，然後又輸入另一串號碼。

「喂，麻煩你 Chris。」 她說，Chris 是 DLS 的財務部經理：「喂 Chris？我是 Karen，關於那個結構性理財產品呢，對呀，他又問了，對呀，我也知道是合約寫明，對呀，那麼你們年底的時候，有沒有收到銀行的通知書說利率是多少？有的話你掃瞄給我好嗎？好，好，麻煩你了。」

「唉呀，那應該 OK 吧。」Karen 放下手提電話。

「嘻嘻嘻，Fu_king Chau 又怎麼了。」Mandy 笑說。

「整天問完又再問，現在我把年尾銀行給的實際利息找出來再對比合約可以了吧。」Karen 激動地說：「噢糟糕！忘了問 Chris 那些欠我們的測試怎樣，又要再打過。」

「嘻嘻嘻，吃完飯再打吧，現在都差不多吃飯了，」Mandy 說：「那麼，你的香港 com level 怎樣，要讓他們幫手嗎？」

「不用啦，我自己可以，他們自然有自己的工作。」Karen 堅持，她就是那種寧可自己辛苦都不願麻煩別人的性格。

「嘻嘻嘻，你喜歡吧。」Mandy 說，當下沒有人知道她其實在盤算甚麼，而到我們都了解之後已經太遲了。

平靜地過了一星期，工作的進度還算良好，放工的時間一直維持在七到八點，雖然只是把工作帶回家裡。

　　早放工，純粹是大家都希望可以回家吃晚飯而已，一直忙忙忙，但眼見手上的工作能夠一點一滴的完成，其實蠻有滿足感的，甚至萌生出「其實不難」這種感覺。

　　到星期五，Mandy 請了我們吃開 job 飯，我想我永遠都不會忘記這一頓飯的笑聲，天真地認為這種狀態會一直維持下去。

　　「咦，已經開了 Q。」Kay 說，我才剛剛回到公司。

　　也許是害怕會被 Mandy「唱」，Kay 大多數的時間都很早到。

　　「真的嗎？這麼快手。」我連忙放下公事包開啟電腦，奈何電腦的款式太舊，總要花多點時間。

　　「哈哈，似乎都頗多 Q。」Kay 裝了一個鬼臉。

　　「哈哈，Mandy 和 MIC 都這麼 tail[38]，多 Q 也很正常。」

　　「你快點 sync 完看一看。」Kay 繼續說。

　　果然，Mandy 已經覆核了大部分的底稿，接下來的一個星期我們自然是同時做著未做完的底稿和清 Q。

　　「你記住下次小心一點。」Mandy 說。

　　「知道，下次我會留意。」

　　我剛剛問了 Mandy 一條關於 KOL 這公司的問題，因為我沒有留意到在眾多管理費用中，有一兩個項目是負數，即是說它們的本質根本不是費用而是收入。

　　雖說這是我第一次遇到有需要做調整[39] 的情況，但也不是忽略這些正負數背後含意的藉口。

38. Detail 的簡稱，跟 wok 一樣是審計師的口頭禪，我們常常都會用「tail」、「tail 底」等等來形容一個審計師，越 detail 的人要求自然越高，做的工夫要多，解釋要夠詳細。

39. 當發現了客戶入數有錯時，例如明明是收入卻當成為費用，或是發現入錯了金額等，我們一般有兩個做法：
第一是把錯的地方改正，入錯帳目的話，把它重分類（reclassification）到正確的地方；入錯金額的話，就要做帳目調整（adjustment），無論是重分類還是調整，都一定要和客戶溝通清楚，確保雙方的數據是一致，若遇上客戶不肯改的情況，就要把錯的地方列明是 material misstatement，然後再考慮這些 misstatement 的總和會不會對最後的審計意見有影響；
而第二個做法，就是當錯的地方所牽涉的金額太少，就直接當沒有錯了。

太大意了。

除了做漏調整之外，其餘的 Q 都是關於那些去年留下來的評論和注解 [40] 深度不足，既然她今年認為那是不足夠，那就沒辦法，唯有改吧。

> 40. 在一張 leadsheet 中，除了會列出該項目包含的不同帳目，亦會就不同的項目作出評論和注解（comment / documentation），例如解釋帳目的性質、做簡單的抽樣測試等等，一般都是把 working paper 中去年的 documentation 更新，不會每年審視，因為根本沒有這樣的時間和人力。

「其實她可以早點說的。」我說，我看著朦上一片白色的 Excel，又當機了。

「可能她一時忘了而已。」Karen 仍然忙得不可開交。

「說的也是，可能只是忘記罷了。」雖然我總覺得 Mandy 是那種不會刻意提醒別人，非要你碰壁不可的人：「不過她對不同的 working 有甚麼要求也可以早一點跟我們說，不用等我們做完她又不滿意，我們又要再做。」

「哈哈，算數啦。」Kay 說，她一手拿著自己的電腦，另一手則拿著從 shipping department 那邊借來的電腦，看來是原來抽的樣本不夠「完美」。

「咔。」房間的大門打開，Mandy 從洗手間回來後，純白的房間又回復寧靜，沒有人主動說話，空氣中只剩呵欠和敲打鍵盤的聲音，氣氛越見沉重。

連午飯時間，大家都開始各有各忙。

「May 說下星期初就可以給我們 consol，我看香港 com level 都七七八八，那我們下星期就預備做 consol 吧。」Mandy 說，她的眼圈和面色一天比一天黑，不過還好今天已經是星期五：「你們有甚麼未完成的就盡快，Karen 你那兩間細 com 做完了沒？」

「Sorry，還未。」Karen 說。

「不如讓他們幫手吧，始終你又要忙東莞和深圳那堆垃圾。」Mandy 說。

「不如讓我幫忙？」我說，其實我負責那部分已經接近完成。

「哎呀，唉，好啦你幫我處理一間啦。」Karen 不好意思地說。

「哈哈，沒問題啦。」我笑著回應。

然而，到星期一開始落手做的時候，才發現大有問題。

「不好意思呀，我想問關於 SPL 的問題，」我走到 Ivy 的位置前：「其實我打算做 SPL 的 testing，但不知道單據放在哪。」

「咦，這一間我們沒有的。」Ivy 一臉愕然地說。

「這樣呀，那我要問誰才可以找到他們的單據呢？」我追問：「還有，我見 SPL 的支出大部分都是計提的，兼且都是齊頭數，你會不會知道原因？」

「這些數是阿姐叫我們入帳的。」Ivy 說。

「阿姐？」我不明就裡。

「即是 Catherine，公司的 CFO，」Ivy 說：「她每月都會給我們一個數字，讓我們記在 SPL 的帳中。」

「你知道她是根據甚麼得出那些數字嗎？因為金額都頗大。」我說，漸漸感到不妙。

「真的不知道。」Ivy 不好意思地說。

回到自己的房間後，我當然馬上向 Mandy 說明來龍去脈，而她只是叫我把其他能夠做到的部分做完，然後便不了了之了。

反正我們都已經沒有多餘的時間可以耗在 company level 上，第二天的下午我們已經收到客戶準備的大 con，意味著我們要進入下一個階段。

去年在 R 集團做 consol 不算辛苦，因為只有十間子公司左右，但 H 集團卻有近百間子公司，而且客戶基本上只會提供大 con 和少量 consol notes，其餘的都要我們自己不斷重複複製及貼上這個動作。

「我待會把上海 office 的 reporting package[41] 給你們，你們幫忙比較上面的資料，看看和 client 的大 con 有沒有分別，」Mandy 跟我們說：「有差異就研究一下原因，看看是 grouping 問題還是有 adjustment 客戶未調整。」

「咦，這個 package 和之前 May 給我們那個有甚麼分別？」我問。

41. Reporting package，有些客戶的業務範圍遍及全球，審計時有機會用到同公司不同地方的分部、或是跟其他會計師樓合作，這時候當負責子公司的審計師（component auditor）完成工作後，他們會把審計後的公司資料填在一份表格上，交給集團審計師（group auditor）。通常 group auditor 會要求 component auditor 把所有需要披露的資料填在 package 上，這樣他們才可以順利完成 disclosure notes。但事與願違，有時候會遇到對方沒填、填錯或填漏，所以收到 package 都需要認真檢查，然而有沒有時間這樣做就是另一個問題了。

「這一個是我們上海 office 做的，已經 audit 了的版本，而 May 給我們那個是 H 集團上海員工做的，未 audit 的版本，只是用來給她準備 consol 而已。」Karen 詳細解釋。

收到大 con 第一個任務，就是對數。

對數是一個沉悶而漫長的過程，不斷找不同，不斷找原因，光是第一次的對數，就花了整整一天。

除了對數之外，我們每天就是按著 Mandy 的分工默默地工作，閒談的時間越來越少，氣氛越來越緊張，大家的關係亦越來越差。

「不如我們交換手上的工作來做啦，」星期五的晚上，我們在冷風中走在那條天橋上，Mandy 忽然這樣跟我們說，讓我們的心涼了半截：「你們想想，我現在要做一些我不懂得做的 working，你們也要做一些你們不懂得做的 working，但你們手上的 working 我全部都知道要怎樣做，如果我們交換來做不是可以節省時間嗎？」

「哈哈哈⋯⋯」我本能地笑了。

「嘻嘻嘻，說笑罷了。」Mandy 說，然後她說她要追巴士，便自己跑走了。

星期六在家工作的感覺一點都不好受，到了現在我還是覺得要加班的話就要回公司，在家中不工作是一條我盡量想要守住的底線。

結果，在往後的好幾個週末我都要在公司中渡過。

星期一回到公司，我和 Kay 已經完成了第一次的對數，至於找出來大大小小的差異除了是 grouping 之外，就大多是 May 沒有做我們建議的調整。

對完數，確認了大 con 中的數字和我們手上已審計的數字一樣之後便可以開始做 consol notes。

「我們之前已經分了工，你會就按照分工表來 update 那些 notes 吧，」Mandy 說，明明是星期一，但她卻一副一星期沒有睡的樣子：「你們都知道要怎樣做的對吧？我們做出來的結果應該可以 tie 到大 con，tie 不到再跟我說。」

唯唯諾諾地回應過後，我們各自回到自己的工作上。

當時是二月的最後一個星期，我大約有兩個星期去完成分配到的工作。

「你先做 bank fac summary[42] 吧，之前 Kay 影印了，你可以用。」Mandy 指著我身後那一疊文件，當我等待她提供進一步的指示時，她已經回到自己的工作世界裡。

理解到 Mandy 工作繁重，我也不好意思追問她我到底要做甚麼，遇到第一次做而又不懂得如何做的底稿，除了問人之外，更多時候是能靠自己研究去年的底稿，看看能否參透箇中的邏輯玄機。

很多時候 senior 根本沒時間教你，或是她有心讓你自己摸索，因為靠自己領悟往往比較深刻，那就只好自己慢慢研究。

42. Summary of banking facilities 主要有三個目的：第一就是做總結，檢查客戶有沒有違反各家銀行開出的信貸條件，例如資產負債比是多少或總資產是多少等等，如果未能達標的話，便有機會面臨被銀行提早收回信貸或不能就原有的授信額度續期的問題，繼而影響到公司的現金流和日常經營。
第二就是計算客戶到年尾有多少未用的授信額度，因為他們未必會用盡所有的額度，而未用的額度都要在報表中披露。
第三就是釐清集團內互相擔保的情況。

我猜這亦是求職時公司常常要求應徵者做邏輯推理題的原因。

Banking facilities，即是銀行授信額度，是不同銀行提供給客戶的信貸或其他工具，例如信用卡簽帳額、透支額、票據、衍生工具等等。

銀行把從平民身上得到資金借給不同的企業，賺取利息、賺取手續費、賺取聲譽。

企業把從銀行得到的資金轉化成更多資金，支付利息、支付手續費、支付薪金。

平民把從企業得來的薪金存進銀行，卻除了幾乎是零的利息外，甚麼回報都沒有。

不同的合約印滿了密密麻麻的條款，記載了不同個體的權利和義務，也說明了社會的運作。

身為其中一個平民，為了可以把薪金雙手奉獻給銀行，我只能一邊灌咖啡和薄荷糖來保持清醒，一邊在睡眠不足的情況下埋首鑽研合約中的條文。

然後，我的電腦當機了。

「＿！搞甚麼呀？」我說，當時我已經差不多整理了一半的合約，但我的電腦卻眼前一黑一命嗚呼。

「發生甚麼事？」Karen 看到我一臉頹然，關切地問。

「哈哈，hang 機。」我一時間接受不了這個事實，

重新啟動電腦後發現沒有自動儲存，換句話說我當天做過的東西全都灰飛煙滅。

「有沒有 save 呀？」Mandy 問。

「沒有，哈哈。」我說。

「噢，那就 redo 吧沒有辦法，過幾天你去找 IT 檢查一下電腦吧，經常自動關機都不是辦法。」Mandy 說，不知道算不算是安慰。

　　痛定思痛，自此之後我養成了每五秒便儲存一次的習慣，畢竟公司提供的電腦一般都很「虧」。

　　最後我足足花了兩天，去整理那些銀行文件。

　　「係，係，當然可以啦，沒有問題！」Mandy 對著電話，從她的聲調和語氣就知道她在和 Flora 通電話。

　　「呼。」她放下電話，收起了剛才為了製造愉快聲線的笑臉。

　　「你們盡量下星期中完成 notes，可以嗎？」她說，大概是 Flora 的新指令：「我們下星期要有 draft 在手，早一點完成 notes，我先看一轉，然後我會處理 FS。」

　　「OK。」除了點頭和說一聲 OK 之外，其實我們都沒有其他選項。

　　這個星期被那些銀行文件折騰了幾天，但總算完成了，之後做的 consol notes 算是比較簡單，只是不斷的複製貼上。

　　接下來的週末我決定返公司加班，因為我討厭在家工作的感覺。

　　回到公司，原來 Mandy 一早已經到達了，而坐在她旁邊的是她的同期同事 Bob，見她倆吵吵鬧鬧一副感情很好的樣子，我甚至以為她倆是一對的，直到某天我在街上遇到 Bob 和他的女朋友才知道自己猜錯了。

　　那天我一邊在 Youtube 聽著周杰倫的演唱會，一邊做著 other gain and loss 的剪貼勞作，直到耳筒中傳來《稻香》的前奏，我把一邊耳筒放到 Karen 的耳朵裡，因為我見她伏在桌上一臉差不多進入夢鄉的樣子。

　　然後，或許有些事情就從此改變了。

　　週末加班的威力很大，在接下來的星期初，未做完的底稿就只剩下 HKFRS 7 Disclosure，七仔。

那時候的我們喜歡用基建來比喻底稿的長度，她們說如果 banking facilities summary 是長城，那麼七仔就是羅馬鬥獸場。

雖然這些比喻略嫌有點不倫不類，但實際做起上來，真的有點興建樓宇的感覺。

「我 A1 時他們叫我做七仔，最後做了幾日才做完。」Mandy 說。

那天我們跟 May 她們一起到外面午餐，原來每年差不多到 consol 的時候，May 她們都會開公數請我們吃一頓飯，大概是為了慰勞大家吧？

「哈哈，你都要做幾日，那我怎辦？」我說，虛偽起上來我自己都怕。

雖然那天上午我在研究那張有四頁、每頁有數百行近百列的七仔時，的確茫無頭緒。

「你這麼『叻仔』，沒問題的。」Mandy 說，她虛偽起上來，我更怕。

走著走著，我們來到新都會廣場的酒樓午餐，席間盡是不著邊際的閒聊，看到 Mandy 不斷施展她的空洞語言技巧，而我、Karen 和 Kay 就只是默默地吃，然後希望早點回去。

從新都會到 H 集團的辦公室大約是十分鐘的路程，走在那不知道走過多少遍的天橋上，總能看到運動場裡慢跑的人，每次 Karen 都會讚嘆那些人的堅毅，而我每次都會回應其實我們同樣堅毅。

畢竟我們每天捱眼訓，為的只是一份不關自己事的財務報表。

回到辦公室，我繼續和七仔玩邏輯遊戲。

七仔主要針對財務資產和財務負債的披露要求來整合資料，而這兩者所謂的定義很簡單，前者有合約規定的現金流入，後者則是現金流出。

然而定義歸定義，實際上的分類卻往往是另一回事，大多數情況下的處理方法是：

跟去年。

「這麼多，做到何時？」飯氣攻心的我在喃喃自語，卻被 Kay 聽到了。

「其實你那張是甚麼來的？」Kay 看著我的電腦熒幕。

三秒後她拋下一句「痴線」便離開了。

「對呀，真是痴線的。」我自嘲地笑笑。

七仔中的各個部分分別對應著財務資產和負債的不同風險：

例如有多少是用外幣結算，匯率的變動對企業的利潤有甚麼影響；

又例如負債的流動性分析，根據合約條款在未來不同時間中會有多少債務到期；

又又例如利率的變動對企業又會有甚麼影響等等。

而我的工作，簡單地說就是不停開啟不同公司的底稿，尋找我需要的資料，按下 control+c，返回七仔，按下 control+v。

不斷重複。

當同樣的動作要做幾百次時，總會感到煩躁。

「＿！又當機。」電腦畫面又變成白色，那個藍圈像個可怕的輪迴，恥笑著我又要重做。

我沒有理會她們的目光，只是繼續做我應該做的事，然後到了星期四。

「Flora 說她 book 了明早八點半 typing。」Mandy 說，聽得出她的語氣有點複雜。

Flora，就是 H 集團的項目經理，亦是我們組少數位高權重的高級經理之一，據聞她從舊辦公室時代已經在這公司，即是說至少做了十年以上。

「什麼！她 book 了明早？但 May 不是說下午還有數要改嗎？」Karen 說：「那怎樣來得及呀？」

由於最初的大 con 有些數字是未肯定的，例如上海分所負責審計的那幾間公司原來還有調整要過，又例如有間意大利的分公司原來未把十二月的報表提供給 Ivy，所以大 con 上有一行數是十一月的，又又例如 Ivy 和 May 做大 con 的時候有些數入錯了⋯⋯

縱有林林總總的原因，但結論只有一個，就是會改數。

大約在黃昏的時候，May 才把最新的大 con 發給我們，接過新的大 con，我們要做的就是對數，然後更新所有 consol notes，以及更新 FS。

「喂，我們差不多要走了。」Mandy 跟我說。

「哦，好呀。」我和 Mandy 收到 Daisy 的邀請，要回到自己的公司附近跟她吃生日飯，至於她邀請我的原因，其實我也許知道，但不想知道。

帶著幾隻準備給 Flora 覆核的 manual file，我和 Mandy 登上了新都會門前的過海巴士。

「我們會不會做不完？」我問，想起了七仔和幾張未更新的 consol notes。

「嘻，嘻嘻，沒有做不完的喔。」Mandy 說，然後繼續玩她的手機遊戲。

那一頓生日飯有很多人出席，除了同事之後，還有一些或許是同事的陌生面孔，我吃完了面前的食物，看著眼前的人口沫橫飛談天說地。

偏偏我知道某些人心底裡其實討厭某些人，然而他們的臉上卻掛著看似真摯的笑容。我冷冷地笑了，不發一語直至飯局結束。

「我想我應該聽不完這一段的。」我點擊播放鍵。

耳筒內慢慢傳來陳奕迅的歌聲，這首串燒歌全長六個多小時。

默默敲打鍵盤，陳奕迅的串燒歌已經播了一半，我卻未完成手上的工作。

負責對數有個好處，就是我知道新的大 con 改了甚麼，在更新 consol notes 時或多或少有點幫助，但要花的時間仍然很多。

默默地敲打，身邊的同事漸漸放工；

默默地敲打，分針又老實地走了幾圈。

「過一過來。」Mandy 用 Skype 跟我說，她和她的好友們坐在一邊，而我則坐在另一邊的豬肉枱。

「來來來，幫手一起 draft，」她說，只見她的桌上凌亂地放著一堆 FS：「你的 notes 更新完對吧？」

「對，差不多完成。」串燒歌早已聽完，但我沒有心情找下一首歌。

「他們的 notes 也完成了，我們一起把 FS 完成之後就回家吧。」Mandy 說，然後把我負責的幾頁 FS 遞給我。

把 FS 上舊的數字劃走，填上新的數字，重複，又重複。

我沉重的眼皮幾乎要合上大腦差不多停止運作之際，Mandy 忽然把一頁紙放在我面前。

「這裡怪怪的，幫我看看。」Mandy 說，我猜她大概跟我一樣睏吧？

我拿著那頁固定資產變動表，密密麻麻的數字細得像螞蟻的腳，慢慢地在紙上蠕動，我知道，只是我太睏而已。

「怎樣，完成了沒？」Mandy 說。

不是她太快追問我的進度，而是我失去了四點到四點半之間記憶。

「等等，快了。」我剩下的力量只夠我說出這四個字，我看著電腦，卻發現 Karen 和 Kay 竟然還在線上。

「你們為甚麼還未走？」我問，重新開始工作前我需要先活化我的大腦。

「你們都未走……」Karen 說，我大概能想像她差點睡著的表情，其實有點可愛。

「走啦，我和 Mandy draft 完 FS 都走。」我說，然後開始上下左右的把變動表加總一次，的確，有些地方差了一兩元。

「差了幾元，我放在 exchange？」我問 Mandy。

「好呀，隨便吧，加總沒有錯就可以。」Mandy 的手指飛快地敲打計算機。

一個固定資產的變動表，由上至下是按年的變動，從去年的結餘，加上本年的新增變賣和折舊，便得出今年的結餘；而從左到右，就是不同種類的固定資產，上下左右加總所得的，就是所有固定資產的總值。

由於財務報表是顯示千位數的，有時會出現進位的錯誤，加總的時候便會出現一兩元的差異，遇到這種情況，多數是把異差放到匯率影響中。

「完成了沒？完成了沒？」Mandy 問，似乎只欠我手中那一頁。

「可以了。」我繼續按計數機，還差最後幾個數字：「OK 啦！終於加到！」

「好！Call 的士。」Mandy 說，然後把 FS 疊好。

到我登上的士，已經是早上六點，看著泛起魚肚白的天邊，沒有太多的感受，只是有點想睡覺而已。

睡了三個小時，我又坐在開往葵芳的巴士上。

大概十一點回到辦公室，成為了最遲的一個，Mandy 一副半死不活的臉說她不該回家，應該直接回來繼續工作，而 Kay 今天也沒有戴隱形眼鏡。

我已經忘了當天做了甚麼。

或許是 call 了 account。

或許是做了 consol notes。

或許是甚麼都沒有做。

總之那天我們都沒有再加班，趁著天還有光的時候就離開了，反正 Flora 也需要時間去看那一份 FS。

之後的一星期，Mandy 幾乎沒有到過 H 集團的辦公室，因為她要留在金鐘辦公室應付 Flora 和一直更新那份即將公告天下的報表。

自那天起，她每天都會掃瞄一份新的報表過來，她改的只有我們稱之為 face[43] 的兩頁，但到底改了甚麼？誰知道呢？如果 May 還沒有放工我們還可以去問她，但 May 總不會陪我們加班到凌晨三點。

「到底她想怎樣？」連脾氣最好的 Karen 都有點按捺不住：「Send 個 face 過來又不說改了甚麼，電話不接，Skype 不應，WhatsApp 不覆，即是想怎樣？」

> 43. 即 是 statement of profit and loss and other comprehensive income 和 statement of financial position，P&L 和 balance sheet 是也。

我們剛從附近的茶餐廳晚餐回來，便收到一個新的 face，改的地方不多，但 Mandy 偏偏甚麼都沒有跟我們說，只是叫我們跟著新的 face 去更新自己的底稿。

「不是吧，又來？」Kay 說。

「唉，開工啦。」我說，除了把握時間工作之外，我們還可以做甚麼。

「我們分工找找到底改了甚麼吧，按自己負責的 notes，看能否找到改了甚麼。」Karen 說。

於是我們像查案一樣，回憶著 Mandy 當天說過的話、翻查是否有新的調整、是否哪條客戶做的合併調整做錯了、是否收到新的 reporting package。

一直找，一直找，我不知道我們是怎樣做到的，總之我們捱過了很多個類似的晚上。

到現在我都不明白為甚麼 Mandy 不願意跟我們交代到底每一個新版本改了甚麼，而要在死線迫近水深火熱之際堅持要我們自己去領悟和發掘。

　　我只記得那幾個凌晨兩三點，我們在純白而沒有窗戶的會議室，聽了一遍又一遍陳奕迅的「長路漫漫是如何走過」，還要摸黑穿過有點陰森、又因為關公像而泛著紅光的走廊到茶水間酙水。

　　然後日子一天一天的過去，Karen off schedule 了，Kay off schedule 了，而我，也在 H 集團公布業績前的一個星期 off schedule 了。

　　但 off schedule 是否代表完結？

　　當然不是，因為有很多精彩的故事，發生在大家都 off schedule 之後，不過那是後話了。

7/ 其實審計，就是無止境的妥協

不用再回到葵芳那個沒有窗的房間，在 H 集團公布業績後那個星期我出了一隻熟悉的 job，就是賣紙箱的 W 集團。

在一個冰雹橫飛的晚上飛往了泰國，沒想到不過是第二年，再做泰國那邊的工作竟然變得輕而易舉，花在工作的時間減少，花在其他事情的時間自然變多了。

例如把泰國的空氣當成手信帶回香港，送給一個人。

但這不是後話，而是另一個故事了。

回到香港，除了要做 W 集團的工作外，還要花時間處理 H 集團的 Q。

第一次做上市公司的項目，以為公布業績之後便告一段落，但原來那不是真正的死線，Q 還會繼續出現，未做完的 working 仍是未做完，客戶拖欠的資料仍然拖欠。

唯一繼續前進的，就只有我的 schedule。

做完了 W 集團，放了一星期回復心力的假期，回到香港等著我的是另一個上市公司項目，如果以審計費用來排序，這客戶大約在我們組的頭三名之內。

C 集團，另一間經營燃氣業務的公司，一個曾經是通頂代名詞的項目，當知道自己有這個 booking 時我也不知道自己是幸運還是不幸。

畢竟在越 wok 的項目中能學到更多知識的或然率就越高，如果人人都說 C 集團是一隻 wok job，能學到的東西都大概不會少吧？

然而，人生往往就是這個然而，事實又再一次狠狠地摑醒了天真的我。

　　五月份天氣漸漸變得炎熱，伴隨著偶爾傾瀉的暴雨，我踏進灣仔碼頭的某一幢辦公室，在經歷了眾多事物的急劇變化後，或許需要一些時間來適應。

　　「早晨，我是 auditor……」我站在接待處前，拿著員工證的手只遞出了一半。

　　「那邊。」接待處姐姐指著我身後房間。

　　「謝謝。」我尷尬地把手收回，走進房間。

　　房間的正中放著一張圓桌，桌上堆滿了文具和文件，僅剩下可以放數台電腦的空間，而在小山般的文件中，還夾著一疊可怕的東西。

　　「不是吧。」我放下背包，拿起那疊文件。

　　又是 hardcopy 的管理報表和 GL。

　　「早晨，你這麼早？」打開房間的是我的 batchmate，Nick。

　　「不早啦，都已經十點了。」我笑說，過了年半，已經回不去九點上班的日子。

　　「但 Mountain 應該還要一段時間才到，哈哈。」Nick 看錶。

　　Mountain 是 C 集團項目的其中一位 senior，除了我們三個外，還有兩位 senior 和三位經理，因為審計費用夠多，可以用的人也很多。

　　「Client 是用 hardcopy 的嗎？」

　　「對呀，他們的會計員工說系統只能導出 PDF 檔案，給我們 softcopy 也沒用，便直接把所有東西印出來。」

　　「＿。」

　　「對。」

　　然後是一陣笑聲。

　　「你剛剛的 peak 怎樣？」我問。

「哈哈，不要提了，」他苦笑：「每天做到四點，星期一至六，星期日睡一整天，又到星期一。」

「不是吧。」似乎我算是幸運。

「不過 OT 很足，AIC 也不錯，算是學到很多東西，你呢？」

「我還好啦，但還有很多地方還要 follow up。」

「唉，加油吧。」

大約十一點 Mountain 也回到辦公室，簡單介紹了這星期要做的工作。

今次的任務其實非常簡單。

「Client 主要業務在中國，所以香港公司是空廢的。」Mountain 說：「真正要做的也只有兩間，我們三個人可能不用一個星期就可以完成。」

「知道 AIC。」Nick 說。

「別亂說，AIC 應該還未上班，」Mountain 看一看錶：「你才是 NIC 呢。」

「哈哈……」大家都不知道應該給甚麼反應。

「好，不說廢話，關於這一隻 job 我們基本上只需要做 consol，中國子公司的 fieldwork 由深圳和上海 office 負責，我們只需要用他們的 working 就可以了。」Mountain 接著說。

「不用做 fieldwork 這麼好？」我說。

「好不好你遲些就知道，總之我們這星期慢慢做完香港這兩間就可以了，不要被 MIC 發現我們有空，她一定會叫我們幫她做其他 job。」

「知道。」

由於香港這兩間公司幾乎沒有業務可言，無論是 testing 還是 leadsheet 上的變動分析都很簡單，不到三天已經完成了。

唯一麻煩的地方只有集團內部借貸、銀行貸款和權益變動，分別由我、Nick 和 Mountain 負責。

星期四下午，會議室瀰漫著悠閒的氣氛。

「我剛剛又出醜了。」Mountain 把會議室的門打開。

「你有哪天沒有出醜？」Nick 說，雖然 Mountain 是 senior，但他卻視階級如無物。

「頂你，剛剛我去找他們的 FC 問 share option 的變動，誰知道他就坐在大班椅上說『Share option？一早已經沒有，你 manager 沒有告訴你嗎？』，然後我就回來了。」

「哈哈哈！ Evan 沒有告訴你嗎？」Nick 說，Evan 是其中一個 MIC。

「當然沒有啦，又連累我出醜了。」

「算了吧，你就是這樣的角色。」我說：「我手上的 working 差不多完成，怎辦？」

雖然集團內部借款需要計算推算利息 [44]，但因為每一年的做法都是一樣，實際做起上來也不困難。

「這樣呀……Nick 你呢？」

「我都差不多啦。」

「那不如我們開始寫 FAR [45] 吧，因為中國子公司也不是全部有做 audit，剩下的有部分要寫 FAR。」

「好的。」我說，但卻看到電腦熒幕上一個閃爍的視窗。

是 Mandy。

44. Imputed interest，在一個集團中，通常會由某幾間公司向銀行借貸，再把資金分配給其他公司，在這種情況下，就會出現大量的集團內借款，這些借款的償還期若是超過一年而且不帶利息，根據 HKFRS 9，便需要利用 effective interest rate method 來計算該款項的公允值。

45. Financial analytical review，透過比較財務報表上不同項目於不同時期的變化來作出分析。一般在 planning 的時候會做一次 preliminary analytical review（PAR），到審計完成之後再做一次 final analytical review（FAR）。

「我今晚要回一回去公司，你們有沒有甚麼要帶回去？」我說。

「有呀，這疊 confirmation 拿回去寄吧。」Mountain 把客戶剛剛簽好名的本地銀行詢證函交給我。

「怎麼無故又要回去？」Nick 問。

「Mandy 說有些 manual 要整理，打算順便把其他 Q 一次過清掉，不要再煩我們。」

黃昏回到辦公室，看到 Karen 和 Kay 已經在那裡，想必是收到 Mandy 的指令。

雖然 peak season 已經過去，但晚上的公司仍然很熱鬧，再次證明所謂 peak season 是沒有界線的。

「嗨。」我坐在 Karen 和 Kay 附近：「你們也收到最後通牒吧？」

「為甚麼到現在還有新的 Q ？不是在公布業績前已經清了一遍嗎？」Kay 問，她已經拿著幾本 manual file。

「聽 Mandy 說 H 集團這項目有機會中 practice review[46]，而且差不多 archive[47] 了，所以又開了一次 Q。」Karen 說，她手上拿著其他項目的 manual file。

當 H 集團項目的 schedule 完結之後，Karen 接連做了幾隻小型項目的 AIC，每隻只有一個星期，往往是一隻未完一隻又起。

46. 這是 HKICPA 確保執業會計師質素的機制，他們會根據風險和公眾利益來挑選審計項目，並派人查看和該項目有關的資料。由於檢查結果會直接影響到項目老闆，甚至公司的聲譽，當知道有機會被選中 practice review 時，老闆就會份外緊張，繼而向經理施壓，層層遞進，最後往往導致全 team「攬炒」的結局。

47. Archive，歸檔，塵歸塵土歸土的意思，在審計報告出具之後一定時間內，所有的 working 都必須歸檔進入倉庫，因為理論上在報告出具前所有程序都要做好，出具之後只需要做簡單的整理，而 archive 之後就會禁止所有修改，而萬一他朝那項目「爆煲」，這些倉庫中的資料便會變成呈堂證供。
為了確保 archive 的資料是完整而且完成，archive deadline 往往才是真正的死線，有些人甚至在 archive 前才 review，但其實怎樣 Q 都改變不了已經出具的報告，所以一切彷彿都只是一場戲。

「好吧，趕快把 Q 清完就回家吧。」我說。

「我在跟進那些未收到的詢證函，」Kay 說：「好像有一些已經收到，只是還未放進 manual，但真的收不到那些怎辦？」

「我們應該全部做了 alternative 的吧？收不到那些在 sent copy 上寫上甚麼時候安排了 second request[48]，以及我們在哪張 working 裡做了 alternative 就可以了。」我說。

「小心如果回函是公布業績之後才收到，就要寫清楚我們在收到之前已經做了 alternative。」Karen 說。

「OK。」Kay 爽快地回應。

「那麼我負責清 file check report[49] 和檢查 RoMM 吧。」我說。

「好，我再看看有沒有甚麼其他 Q。」Karen 說。

「其實為甚麼又要由頭看一次那些 RoMM ？」Kay 問。

「因為可能會中 practice review，所以她們全部都『淆底』了吧。」我說，她們指的自然是 Mandy 和 Flora。

「其實早幾天，Daisy 和 Joanna 有找過我，叫我幫幫 Mandy。」Karen 跟 Kay 說：「說 Mandy 很辛苦，有很多事處理，又怕 practice review，但我自己手頭上也很多工作呀。」

「欸，那她怎樣說？」Kay 問。

Joanna 跟 Mandy、Daisy 是同期入職的同事，也是透過和不同的經理

---

48. 在安排詢證函之後，我們會把詢證函的影印本（sent copy）放在 manual file 中當成是完成發函程序的證明，在收到回函時再把 sent copy 換走；而關於二次發函（second request），就是當函證發出後一段時間都沒有回音，便需要安排第二次發函，當然視乎情況有時會進行第三甚至第四次發函。

49. 在 archive 之前要確保檔案沒有問題，例如所有 working 都已經有簽名，而 reviewer 的簽名必須在 preparer 的簽名之後。以我公司為例，審計軟件可以製造一份檢查報告，而在 archive 之前就需要處理報告上所指出的問題。

混熟而獲得權力的人。

「她說 archive deadline 才是真正的 deadline，其他 job 要做的只是小事。」我說，我知道這段對話，因為當時我和 Karen 在一起。

「不是吧，但要是做不完的話也會捱罵吧？」Kay 說出重點。

「她們就是這樣，唉。」Karen 輕嘆：「以前以為和她們真的是朋友，會互相關心，但其實都只是為了方便她們使喚人工作罷了。」

「所以你們和她們都已經反面了。」Kay 說，我和 Karen 則默默點頭。

在公司裡沒有秘密，誰和誰是一夥、誰和誰又不咬弦通通都是公開的資訊。

「唉，Flora 每年都會讓 Mandy 得到 high pay，又怎會不把她用盡？但她做不完的東西就落了在我們手上，而我們卻是甚麼回報都沒有。」我說。

「憑甚麼我要花時間應酬她們，還要被她們利用？」Karen 說。

「連 OT 都沒有，更不要說 high pay。」Kay 說。

「唉。」三人異口同聲。

「不過也有好事發生的。」Kay 奸笑。

「甚麼？」Karen 問。

「你們兩個⋯⋯嘻嘻嘻！」

「哈哈哈！快點工作吧！」Karen 笑說。

事實上，有些事情總會在意想不到的地方以意想不到的形式開始。

Q 清了又開，開了又清。

來來回回又過了一個星期，以 Daisy 為首的人總喜歡加一把嘴。

有時用 Skype，有時用 WhatsApp，時而說幫忙是你的責任，時而說 Mandy 很辛苦云云希望你們體諒。

結果我們是一次又一次的做義工，而 Mandy 則是繼續從 Flora 手上得到高人工，當初以為自己能夠披著面具嬉皮笑臉實在有點高估自己，當意識到那個虛偽的自己是多麼的噁心，就連一秒都無法維持。

大概我在這裡的前途也告一段落了。

午後刺眼的陽光撕破了遮光玻璃的阻擋，散射在豬肉枱中的凌亂文件上。

「所以現在已經完結了？」Nick 問。

「對呀，差不多 archive，也沒有新 Q 了。」我說。

「對呀，總算完成了。」Karen 說，她都有 C 集團的 booking，也是我和她之間可怕的緣分之一。

「呀。」Edward 在枱的另一端發出無意義的怪叫，他是這項目的負責人。

我們五人佔據了半張豬肉枱，每天吵吵鬧鬧，到後來已經沒有人願意坐在我們的附近。

「你們手上的 FAR 怎樣？」Edward 問：「老闆問我們進度。」

「我差不多完成了。」Nick 說，我跟著點頭。

「我們沒有做漏吧？給老闆發現又要捱罵了。」Edward 說。

「不會的，」Mountain 說：「大概。」

「好吧相信你們，我叫老闆過兩天 review。」

當時是五月的第二個星期，當我和 Nick 和 Mountain 迅速完成了香港的 fieldwork 後，便開始根據之前 planning 時的分類 [50] 做 FAR。

50. 在 planning 的時候，審計師會先界定審計範圍（audit scoping），而當審計對象規模較多，有眾多子公司時，便需要考慮不同的子公司是否屬於不同的範圍，基本上有四大類：第一，對整個集團有重大影響的子公司，需要從頭到尾進行審計（full scope）；第二，只有部分帳目對集團有重大影響的公司，例如持有大量現金或存貨，只需要對那些項目進行審計（limited scope）；第三，對整個集團沒有重大影響但現存的公司，只需要做 FAR（review scope）；第四，對集團沒有影響，例如閒置的不活動公司，又或是只有性質簡單而沒有風險的帳目結餘或交易的公司，不需要執行任何程序（scoped out）。

「寫完 FAR 可以開始做 consol notes。」Edward 說：「今年 C 集團請了一個新的 reporting manager 幫忙做 consol，但未知道會幫多少。」

「Consol notes 也要自己做嗎？」我看著 C 集團的企業架構圖，共二百多間子公司。

「去年每一張都要自己做，二百多份 management account，逐一打開 copy and paste。」Edward 說。

「不要再提去年，我第一天就做到早上六點。」Karen 臉色一沉。

「不是吧？」Nick 瞪大眼睛。

「我們手上不是有胡經理給我們的 management account 嗎？稍後 Bonnie 會給我們大 con，再加上我們做的中國 fieldwork，最後會有三 set 數，」Edward 喝了一口咖啡，然後苦笑：「通常三 set 都是不一樣的。」

「那怎辦？」我問，胡經理是 C 集團中國地區的財務經理，而 Bonnie 則是新聘請的 reporting manager。

「對數找不同呀，不然怎會做到六點。」Karen 苦笑：「AIC 今年可以不要這樣嗎？」

「哈哈，我沒有話事權，問那邊吧。」Edward 指著辦公室的另一邊，是經理們的位置。

「去年 Evan 把我們罵到上天花，說不可以有數對不到，今年 client 請了人幫手，要是再對不到可能會殺了我們。」Mountain 一邊玩迪士尼的著名手機遊戲一邊說。

「那去年最後怎樣解決？」我問。

「我們有做 fieldwork 的公司就跟我們的數，其他就不管了。」Edward 說：「所以等中國地區的 fieldwork 完結你們就要幫忙對數。」

帶著這個心理準備，我和 Nick 繼續做未完成的 FAR，在解釋數據變動的過程中，主要靠常識和新聞，直到遇上解不通的情況我們才會問胡經理。

做完 FAR 便輪到 consol note，從最簡單那張入手，打開管理報表二百多次，複製貼上二百多次就完成一張。

「其實你不用這麼認真做的。」Karen 跟我說。

「我怕之後會不夠時間。」我拿著兩份麥當勞早餐。

「現在的數字又未定，做完了之後還是要再做。」

「不要緊啦，就當練習一次，我之前又沒有做過。」

「好啦，隨便你啦。」

每一天的工作都是機械式的、不斷重複的工序，卻因為公司的數量太多而看不到終點。

「要做到幾時？」Nick 帶著耳機。

「唉。」我看著窗外，又見到海邊的日落。

「日復日，年復年。」

「介紹你聽一首歌。」

那一年的代表歌曲，是 Supper Moment 的《無盡》，聽著聽著，一個星期又過去，手上的 notes 每張都做了六七成，因為還欠中國現場審計的結果，和最重要的合併調整。

星期一回到公司，電腦才剛進入 Windows 的介面，Skype 視窗便從熒幕下方彈出。

「其他人呢？」Evan 用平淡的語氣問。

「在回來的途中。」我答，當時是早上十點，標準的審計師上班時間。

「工作做完了嗎？這麼晚上班。」

「不，我會跟他們說。」我「淆底」地回答。

Nick 和 Mountain 剛好回來，我便把電腦推向他們。

「大鑊。」Nick 應該跟我一樣「淆底」。

「沒事的她經常這樣，」Mountain 冷靜地放下背包：「過去找她吧。」

我們一行三人走到辦公室的另一端，站在 Evan 的面前。

「找我們嗎？」Mountain 笑說。

「這麼多人走過來，幹甚麼呀？」Evan 用眼角瞪著我們。

「你不是找我們嗎？」Mountain 看著我，我只是笑著點頭。

「哦，叫你們早一點上班罷了，因為今早 client 打電話去豬肉枱但沒有人聽，結果她就打來煩我。」

「噢，知道，明天會早一點。」Mountain 說，但我知道他不會，十點已經是他的極限。

「她說今天下午會有 consol，你知道要做甚麼對吧？」

「知道的啦，先對數嘛，Edward 有跟我們說過。」

「嗯，怎麼還站在這裡，回去工作啦。」

Evan 是我認識的經理中最正常的一個，唯一是人有點「捽」罷了。

到下午收到 Bonnie 提供的大 con，那是一個有很多頁和很多行，從各種意義上都很大的 Excel。

雖然知道要對數，但實際要怎樣做卻是無從入手。

「第一步要怎樣做？」我是負責對數的人，之後幾年我仍然是負責對數。

「哦，你看看我們有做審計那些公司有沒有人 review 過，有的話就可以開始對，看看大 con 上的數字和我們的 working 有沒有分別。」Mountain 說，而 Edward 則把所有合併調整列印出來開始研究。

「OK。」我猜就跟當時做 P 集團時差不多。

現在公司的審計軟件進化到只要和伺服器同步就可以得到檔案內最新的資料，但越強的技能往往伴隨著越多的制約。

除了電腦會經常當機之外，每次亦只有一個人可以和伺服器同步。

偏偏這類形的項目因為用上中國同事，幾乎時時刻刻都有人在同步，結果就要花很長的時間在等待之上。

成功和伺服器同步之後，發現已經覆核的公司不算太多，於是我隨便找了一間來對，但幾乎沒有一粒數能夠對到。

「怎麼連一粒數都對不到？」我拿著電腦走到 Edward 旁邊。

「不會吧？」Edward 推一推眼鏡：「會不會是 adjustment 未過。」

「嗯，也有可能。」

「Bonnie 應該是用未審計的數據來做 consol，中國公司剛剛完 field，可能未跟客戶交代 adjustment。」

「那麼我再對一次。」我應該早一點想到這個原因。

「這樣吧，Nick 你把所有公司的 adjustment summary 抽出來交給 Bonnie，叫她看看有沒有未過的 adjustment。」Edward 拿起電話：「我打電話跟她說。」

「OK 沒有問題。」

然後，我們開始留在公司加班，有時加班是因為忙，但有時卻是為了演戲。

「其實可以的話我不想留在公司。」Mountain 說，他是回家工作派。

「我沒所謂。」我看著 Karen。

「知啦知啦知你們兩個邊工作邊拍拖啦。」Nick 笑說。

「我們可是很認真的。」Karen 說。

「哈哈，你說工作還是拍拖。」Edward 說，他也在玩那迪士尼手機遊戲。

「哈哈。」我在臉書上亂逛。

「去年因為要爭取 OT 才每晚留到半夜，今年不用了吧？」Mountain 問。

「我怎麼知道，遲些再算吧。」Edward 的眼睛沒有離開電話。

晚飯後的休息時間，意味著當天第三更的開始，對數的人、做 notes 的人、研究合併調整的人，圍著豬肉枱過了無數令人哭笑不得的晚上。

在這個難得地沒有虛偽面孔的項目，大家都似是短暫的獲得了救贖。

「請過來。」視窗閃爍，一句簡單但要命的句子。

「又來？」

我戰戰兢兢走到 Evan 的坐位前。

「早晨。」

「對數對得怎樣？」她沒有看我一眼，只是埋首工作。

「Adjustment summary 給了 Bonnie，她說她會對一次，有些中國 fieldwork 好像還未做完，等他們完成就會再給 Bonnie。」

「不是只有做 fieldwork 那些呀，你看這間，這間也差很遠。」她打開一份屬於 review scope 的公司的管理報表。

「我看看。」我記得這公司，因為在 review scope 中算是規模大的一間。

「肯定沒有對這幾間啦。」她斜眼瞪著我，像盯上了獵物的獵人。

「哈哈哈……」

「還笑，快點回去再做。」

「知道。」

雖然要做的工作增加了，但屬於 review scope 那些公司和大 con 有差異也只是帳目分類的問題，不難解釋，問題始終在於有做審計那些公司。

「我們不會完全跟你們做調整的。」電話另一端傳來 Bonnie 的聲音。

「但，有些金額很大⋯⋯」我還未說完。

「那又怎樣？」她霸氣迸發。

「有做審計的公司，應該要跟我們的調整。」我自問理直氣壯。

「笑話，去年就是全部跟你們，但最後有些調整根本是錯的，我們花了多少時間來修正你知道嗎？」

「這個⋯⋯但⋯⋯」我用眼神向 Edward 求救。

「總而言之，有些合理的調整我們會做，其他不知所謂的要麼 immaterial pass，要麼當是 misstatement，不、要、再、煩、我，再見！」

然後她就收線了，順帶一提她很久之前也是審計出身，對我們的做法瞭如指掌。

「沒辦法，跟 Evan 報告吧。」Edward 說：「Client 不聽我們說唯有找個高級一點的跟她說。」

「唉。」

「不要管了，對數暫時完結，開始做 consol notes 吧。」Edward 說：「Bonnie 剛剛拋了一堆他們做的 notes 過來。」

「那之前我們做的 consol notes⋯⋯」我有種不好的預感。

「如果 Bonnie 有做的話就用她那些吧，反正之前也欠部分資料做不到，對吧？」

「是不是檢查各自負責那些就可以了？」Mountain 問。

「沒錯，還要看看能否對到大 con，以及檢查有做 fieldwork 的公司，

理論上不會有差異的。」Edward 說。

「別在意，是這樣的啦。」Karen 拍拍我的膊頭。

「Consol notes 的分工表我剛剛給了你們，」Edward 補充：「真正的 AIC 也會幫手。」

「是那個從另一組調過來的經理嗎？」Mountain 蓋上電腦。

「對呀，Mike 這星期開始會幫忙，老闆們是這樣說的。」Edward 也蓋上電腦：「今晚吃大家樂還是大快活？」

「甚麼都可以。」Nick 輕鬆地說，因為要考六月 QP 的關係，他的 schedule 還剩下一星期。

「又是這兩家嗎？」Karen 苦笑：「已經連續吃了很多晚了。」

「那 M 記和 KFC，二選一吧。」Mountain 說。

「唉。」我覺得吃甚麼都一樣。

經過了一個又一個用快餐填飽肚子的晚上，我們的放工時間也越來越後，從一點漸漸變成兩點、三點，每一晚都在意識崩潰的邊緣工作，對著電腦熒幕，浪費著寶貴的人生。

遲放工，我們的上班時間也理所當然地押後，一開始勉強能夠在午飯前回到公司，但到了六月實在捱不住了，幾乎每一天都是中午時直接買午飯回公司，然後又加班到凌晨三四點才放工，其他同事也見怪不怪。

唯獨老闆們，總是看我們不過眼。

「喂，快看電郵。」Mountain 一副未睡醒的樣子，畢竟昨晚又是四點才放工。

「又怎麼了，Evan 又『捽』嗎？」我放下兩個飯盒。

「哈哈，」Karen 冷笑：「那傢伙沒病吧？」

我靠向 Karen 的電腦，看到一封 Mike 發給我們的電郵，大意是叫我們早一點上班，中午才回來的話就已經浪費了半天。

「他的一天還真短呀。」我說。

「一個上午就半天，那去到下午三點就過了一天啦，是不是可以放工了？」Mountain 說。

「算了吧，不要理他。」我一邊吃飯，一邊檢查昨晚未完成的底稿，結果發現了不少做錯的地方。

「今天可能又有新的大 con。」Mountain 說：「昨晚臨走時聽 Edward 和 Mike 在討論，大概又要改數了。」

「又改。」我忍不住用力拍打了鍵盤一下。

Bonnie 只會提供一部分的 consol notes，還有大約三分之一要我們自己做，而且即使收到她做的 notes 也不可以直接拿來當底稿。

即使省下了開啟二百次管理報表的工夫，但逐張 note 檢查仍得花上不少時間。

每一次改數就意味著又要重新再做一次昨天做過的工序，的確工越多藝越熟，但同一張底稿做六七次以上的話，除了熟悉之外，就是厭惡。

簡單地說，就是在浪費時間。

「晚飯吃大家樂好嗎？」Mountain 問。

「我們還有選擇嗎？」我說。

一天的時間過得快，雖說只有下午，但六七個小時轉眼就過去。

檢查 consol notes、負責起草自己那部分的財務報表、處理中國同事拋過來的問題、研究他們的調整、向 Bonnie 講解然後被她責罵，最後就是無限的妥協。

「你那張 account receivable and other receivable 我看了一次，」Edward 靠近：「『Other』[51] 的金額有點太大，而且有一兩間 review scope 公司的帳齡也太長，最好檢查一次。」

「但有做 fieldwork 和比較大那幾間 review scope 公司我都有檢查過，他們的數字就是這樣呀。」我放下這星期第五次吃的焗豬扒飯外賣。

「做 audit 不是追求對或錯，而是 re 不 re[52]。」坐在我們對面的 Marcus 說，他是我們組中其中一位實力派員工。

「沒錯，去年都是這樣的，other 的 other 超級大。」Mountain 拿出他的切雞飯：「自己調整一下吧，結果和去年差不多就不會被人 Q 的了。」

「可以這樣的嗎？」我問了一條明知答案的問題。

「為甚麼不可以，這項目的 threshold 是千三萬，甚麼飛機都容得下。」

「好吧，我再看一看。」

> 51. 為了更容易了解一個帳目的內容，審計師會把一個帳目分拆成不同的細項，就是所謂的拆 breakdown，例如客戶提供的管理報表中有「其他應收（other receivable）」這一項，但由於這帳目太籠統，審計師會要求客戶提供更多資料，主要是根據性質再分類，好像租金或水電按金、預付費用、應收但未收的政府補助等等，而雜項和無法分類的就會放到「其他」，如果「其他」的金額太高就一定會惹人懷疑。

> 52. Re，reasonable 的簡稱，是審計師的口頭禪之一，因為幾乎沒有人在乎所謂的真相，只求表面上的數字看起來合理。

再看一看的意思，就是先研究有做 fieldwork 的公司，看看那些放在「其他」的數是否真的無法再分類。

其次就是大型的 review scope 公司，我決定把那些公司的管理報表再研究一次。

比起無憑無據地把數字舞高弄低，我寧願花點時間抓著虛無的根據。

雖然，在管理報表上找到資料都只是客戶提供的，沒有經過檢查、沒有經過測試、沒有經過覆核，單純地信任對方不會造假。

然後我們就在將會公諸於世的報表上幾百萬、甚至過千萬的隨意調動。

反正到最後只要看起來合理，那就是答案。

「喂，你在我的 working 上改了甚麼？」Bonnie 中午打電話來。

因為我在其他應收的分類上作出了調動，最後也會在報表上反映出來，當她收到報表的草稿後自然會發現。

「因為你做的 note 中『其他』那一項太大了，我再檢查一次 management account 中的 breakdown，發現有些『其他』可以再細分，我已經把我改過那一張給了你，那些改了的公司也用黃色 highlight 了，你再看一看吧。」

「死仔，被我發現你亂改我的數你就知死，叫 Edward 聽。」雖然她有點惡，但其實是一個好人。

「嗯，他現在不在座位上，晚一點我叫他打電話給你。」昨晚四點 Edward 都未走，今天哪有可能準時上班。

「嘖，他上班就叫他找我。」被看穿了。

解決了一個問題，也算是一種進步，而且今天是星期五，希望能夠早一點下班，因為已經好久沒有試過上班和下班是在同一天。

「有一個好消息和一個壞消息。」Edward 說，他回到公司時已經差不多下午兩點。

「又來？」Mountain 說。

「可以只說好消息嗎？」Karen 伏著桌上，用外套把自己包裹著。

「好消息是今天可以早點放工，」Edward 放下咖啡：「壞消息是明天要回來加班。」

「＿，不是吧？在家裡做不可以嗎？」Mountain 說。

「這是 Mike 的意思，因為 Evan 下星期要 review，他說明天回來把所有東西都執拾一下，他星期日就可以先 review，星期一再交給 Evan。」Edward 攤開雙手。

「希望不用做到太夜。」我說。

因為星期日中午還有一場公司的籃球比賽要打，我可不希望在球賽中猝死。

「總之今天的目標很簡單，檢查一次手中的 working，確保能夠 tie 到最新的大 con，然後就是 draft 好 FS。」Edward 說。

星期六的中午，除了我們還有一些熟悉的面孔在公司。

包括 Mandy，老實說，她幾乎每一天都待在公司。

然後我想起上兩個月做另一個項目時，有一個週末回到公司被她發現了，竟然借了我去幫她的忙，結果幫完她再做完自己的工作又變成了半夜。

今天我是絕對不會去幫她的。

反正我也沒有這樣的餘暇，我們四個人平均每人負責六張 notes 以上，這些 notes 除了要 tie 到大 con 之外，notes 和 notes 之間也是環環相扣。

例如投資物業的公允值變動，除了會出現在投資物業的 disclosure note，還出現在其他收益及虧損，如果涉及位於中國的投資物業，還得考慮延遞稅項的影響。

一字既之曰：「煩。」

光是檢查每張 note 的數據是否一致，然後再更新財務報表的草稿，就已經去到晚上吃焗豬扒飯的時間。

「已經完成的 FS 我先交給 Mike，他會開始看，似乎我們今晚要清完他的 Q 才可以離開。」Edward 一邊按電話一邊說。

「欸，那中間的空檔我們做甚麼？」我問。

「哪有甚麼空檔，我都未做完。」Mountain 說。

他負責做固定資產變動表，但 Bonnie 提供的資料和我們手上去年的資料有出入，原因當然是不明。

「你的 segment[53] 怎樣？」Edward 問。

53. Segment information disclosure，分類資料披露，在 HKFRS 8 的要求下，客戶的主要營運決策者（Chief Operating Decision Maker, CODM）會根據業務性質把公司劃分成不同的經營分部，以便資源分配及分部表現評估，而審計師的工作就是把客戶提供的資料，按照經營分部進行分類。

54. Call account 分很多種，有單純的加總（casting），即是把報表上的數字加一次檢查算式；也有校對改正（mark-up checking），通常審計師在報表草稿上直接修改，再交給其他同事輸入成電子檔，所以就需要校對手改那一份（mark-up）和電子檔那一份之間有沒有沒差異；而所謂 full call，就是除了 casting 和 mark-up checking 外，還要檢查每一個有關連的 notes 上的數據，以防出現「前後不 tie」的情況。

「當然未完成啦，segment 要等到你們完成我才可以做，每一次改數我都由頭做過呀。」

「知道啦，他們也知道的，總之今晚填好 segment 就可以了，Mike 也不會 review 這一部分。」Edward 說：「如果你們手上的 notes 已經 update 好，就幫忙 full call 一次 FS[54] 吧。」

「我們一人一半吧。」Karen 跟我說。

「好吧。」

Full call 一份接近二百頁的財務報表需要很長的時間，足夠讓 Mike 快速 review 一次我們的心血。

敲打計算機的指頭漸漸麻木，咖啡的提神作用開始減退，分針又悄悄跑了一個圈。

星期六完結之際，Mike 的 Q 也新鮮出爐。

「來，清了它們就可以放工了。」Edward 說。

本來以為清 Q 不難，但我太天真了。

清一條 Q，又發現有些地方做錯了，清另一條 Q，又發現手上的資料根本不夠。

解決了手上的問題，還要直接更新 Word 版本的財務報表草稿。

眼皮漸漸變重，支撐著自己的，除了責任感之外還有甚麼呢？

認真做也好胡亂做也好，其實有沒有分別呢？在這一刻，我真的看不透，因為我只想好好的睡一覺。

結果那一天我們又做到早上四點才放工，而籃球比賽則輸了二十分。

到了 C 集團公布業績前的最後一個星期，基本上每天的工作都是一樣：

清 Q、更新底稿、把財務報表改了的地方輸入到 Word 然後印列出來、call account、打電話給 Bonnie 跟進未解決的事項、然後被罵。

去到最後，大 con 中的數是否能夠對到有做 fieldwork 那些公司的數已經不重要，而且，底稿中的資料是否正確是否有根據也不重要，唯一重要的，是一切看起來合理。

財務報表的各個部分能夠前後呼應，今年和去年之間的變動有合理的解釋，老闆們認為有機會出問題的地方有充分應對，這樣就夠了。

反正我們根本還未有足夠道行，對於甚麼是真正的重要、甚麼只需要做出一個有努力調查的模樣就可以過關，我們還未有功力去分辨，所以能夠做的，不過是努力聽從指令，然後盡力做好而已。

六月二十五日，在法定的三個月期限之前，C 集團公布業績了。

我們沒有興奮得要記下港交所披露易網站的紀錄更新，然後放在社交網站中矯情地說一兩句「我們成功了！」之類的話。

反而只是默默的完成手上的工作，然後在陽光未還消失之前離開公司。

畢竟放工那一刻還能曬到太陽，實在是久違的奢侈。

8/ 未入行，都不會意識到創意和想像力是這麼重要

經過那脾氣難測的屯門公路，從屯門到市區，從蟬的鳴叫到汽車引擎的怒吼。

月復月，日復日，要說不習慣是不可能，但要說喜歡是更加不可能的。

C 集團公布業績後，還有一堆手尾要跟進，但始終人多，無論是清 Q 還是準備歸檔的檔案檢查，都是兩三下功夫就完成。

而最重要的，是負責覆核的人沒有精雕細琢的興趣。

解決了他們認為最重要的問題，其他問題也就不是問題，這也是 C 集團這項目的高級經理 Wesyle 一貫的處事方針，我們自然也樂得輕鬆。

反正大家的 schedule 都是密不透風，完了一個項目另一個項目又叩門，夏去冬來，這段日子我又去了一次中山，又去了一次臨沂，也嘗試做了一次 AIC。

然後又去到十月，那個升職的月份。

今年不知道從哪裡傳來了消息，說會有 15% 的加薪，讓大家都坐立不安，我和 Marcus 還有另一位同期同事 Russell 在客戶位於荔枝角的辦公室，像等待放榜的學生，等待那封「salary review letter」。

「＿，又說加薪，又騙人。」Russell 氣憤不平：「你呢？她們有沒有給你好 grade ？」

「還好啦，給了我一個中上，但其他 job 就沒有。」

「進取一點呀，你不要求他們不會給你的。」

「隨便吧，normal pay 也好，那我就只需要做 normal 水平的工作。」我安慰自己，反正也別無他法。

　　就這樣，我掛上了「senior」的頭銜，換了卡片也換了心態，放了一個星期的假期，只是今次沒有開電腦，也沒有用電話來檢查郵件，放假，就應該是放假的模樣。

　　只是不主動檢查郵件不等於工作不會主動走上門。

　　「喂喂，你有沒有 check email 呀？你下星期要帶 job 呀。」某同事打電話給我，這個星期五恰好公司和深圳分所聯合舉辦了活動，有部分同事被選中要陪同老闆和經理出席。

　　「呃，沒有呀，放假嘛。」我坐在籃球場邊。

　　「哈哈，放假不用做嗎？」她和我也是同期，亦和 Daisy 她們是「好朋友」。

　　「哈哈，」我勉力擠出笑容：「帶甚麼 job ？」

　　「我剛剛和 Monica 她們一起，她說有個新的項目，下星期由你做 AIC。」她說。

　　「哦，那星期一再算吧。」我想收線，因為要準備鬥波了。

　　「她說她有把郵件轉發給你，叫你有空看看。」她比我還緊張。

　　「嗯嗯，謝謝你。」

　　Monica 是公司其中一個高級經理，出名 tail 底和吝嗇，而她的手下猛將則有 Bob，她們這個組合幾乎可以在不篤任何 OT 的情況下處理所有 wok job。

　　Bob 的金句是「有通宵巴士為何要搭的士，為公司為客戶慳得一元得一元」，他在 Monica 的力撐下每年都是唯一拿下 top pay 的人，只是可憐了他的手下。

　　例如剛才打電話給我的 batchmate。

　　但我既然只有 normal pay，也沒理由把假期奉獻給工作吧，在球場上就應該專注打球。

接球、假動作、探步、跳投，球命中籃框，應聲彈出。

「＿，又不中。」

我常分不清責任感和奴性之間的分別，尤其是經過了兩年，看到上層的人如何利用下層的人，也體驗過即使付出了也不見得有回報，但我還是用假期的時間來檢查郵件，姑且當這是責任感吧。

「哇，這麼多。」登入郵箱，第一頁全都是未閱的郵件。

當中有三分一是公司內部發出的「垃圾郵件」，例如吹噓業績的鱔稿和人事變動的通告之類，不過是浪費空間的垃圾。

畢竟公司電郵有容量限制，有時連附件大一點的郵件都不能收發。

清除了垃圾，總算找到 Monica 轉發給我電郵，今次的客戶 S 公司似乎原本是找稅務部門做稅務計劃 55 的，後來介紹過來審計部門，一個互惠互利的概念。

讀完了 Monica 的電郵我知道了三件事：

第一是 S 公司財務部負責人叫阿紅；

第二是 S 公司的位置在深圳；

第三是我有兩星期去完成這個項目。

> 55. Tax planning，在不違反稅法的情況下令企業應繳的稅金減少。

至於 S 公司的業務、背景、組織架構等等，仍是一個謎。

不過還好 Monica 是一個 tail 底的經理，早在兩三個星期之前她已經把一張長長的清單交給阿紅，要求她提供 S 公司的營業登記、稅務登記、驗資報告、組織架構圖和組織章程等等。

只不過對方一直拖，直到十月底才提供，然後才把我放到這項目裡。

S 公司真正的辦公室在深圳，在香港並沒有實業，本來還擔心假期完結就

要去深圳兩星期，卻沒想到 Monica 其中一封電郵是叫我星期一直接回公司。

在十一月的第一個星期，我正式開始 S 公司的 schedule。

「早安。」我拿著筆記簿走到 Monica 的坐位前。

開 job 第一件事，當然是向 MIC 報到。

「呀，早安，正想找你。」她正在和旁邊的 Joyce 交換零食。

「這星期我開始做 S 公司，請問我甚麼地方需要注意？」

「噢，這公司是我們的新客戶，tax 那邊介紹過來的，只有一間公司，應該不難做的。」

「好的。」我開始抄寫。

「你有兩個星期，而下星期會有位新同事幫你，你把 testing 留給她吧。」她把一疊文件交給我：「有些 bank confirmation 我之前叫同事預備了，這是 sent copy，先交給你。」

「好的謝謝。」我接過文件。

「你這星期先開 engagement file 吧，因為是新客戶，RoMM 和 procedure 都要重新設計，另外 planning 的 working 也是一樣。」

「好的，沒有問題。」

「S 公司是單純的貿易公司，你可以找一隻類似的 job 來參考，FS 也是一樣，我會給你另一家公司的 FS 作原型，你按著那一份來改吧。」

「知道，謝謝你。」

由於是新客戶，一切都要由零開始，就好像當初做 W 集團那樣，不過今次再沒有 senior 幫手，因為我就是那個 senior。

　　雖然每一家公司的 RoMM 都大同小異，但就是因為那個「小異」，我們必須要了解一家公司，從運作到入帳模式，從負責的人員到內部控制，每一個環節都有機會導致不同的潛在風險。

　　不過，那只是理論。

　　實際的做法當然是找一個現存的項目，參考前人的工作再加以修改，省時省力。

　　或許是之前做 H 集團時被 Mandy 要求一次又一次的檢查 RoMM，今次做起來也算是得心應手，拿著 S 公司的管理報表照單執藥，報表上有甚麼項目，各自有甚麼 assertion[56]，每個 assertion 又有甚麼 RoMM，不同的 RoMM 又有甚麼程序對應，層層遞進。

56. Assertion，審計學的用語，從來不知道如何翻譯，翻查中文書找到的也有點詞不達意，乾脆只用英文。在審計學中，一份財務報告基本上有三種屬性：帳目餘額（account balance）、交易（class of transaction）和披露（disclosure），合稱 ABCOTD，而不同的 ABCOTD 有各自的 assertion，例如 existence、completeness、accuracy、cutoff、valuation 等等，審計程序的設計就是針對不同 assertion 的潛在錯誤。舉個例，存貨的 valuation 需要考慮「lower of cost and net realizable value」這個原則，所以要做 valuation testing；而收入的 cutoff 有機會因為入帳時機的差異而出錯，於是便要做 cutoff testing。

　　因為名義上已經升職了，我不再坐在從前那張豬肉枱，而是換了一個看不到窗外景致的位置，花了一整天，總算把所有項目的 RoMM 輸入到審計軟件裡，接下來就可以真正開始工作，由零開始建立。

　　基本上 planning 要做的就是了解客戶，公司設計了一系列問卷形式的底稿，涵蓋公司架構、營運、人事、內外影響因素等各方面。

　　理論上一家公司的基本資料不會變來變去，這堆底稿很多時只需要在第一年做一次，之後只需要更改年份、人名等等的資料。

　　只可惜現在就是第一年。

不過還好，現在是只要花時間就甚麼資料都可以從互聯網中找到的年代，先簡單的在搜尋引擎中輸入「S 公司」的全名，已經出現了大量的結果。

「咦，這個……」沒想到第一個結果竟然是和 S 公司完全不同的品牌名稱。

「喲，你在幹甚麼？」Russell 偷看我的電腦。

「哦，有隻新 job，我在做背景調查，」我說：「不過現在連這公司是做甚麼都不知道。」

「噢，加油。」他笑笑，之後回到自己的工作裡。

要說完全不知道 S 公司的業務範圍是不可能的，但「了解」和「知道」是兩個層次的認知，在底稿中隨便填寫一定會被人看出破綻，尤其對手是那個 tail 底的 Monica。

我點擊第一個搜尋結果，那是一個智能電話的品牌，雖然從來沒有見過這品牌，但那產品目錄卻是琳瑯滿目，平板電腦、智能電話、智能手錶一應俱全。

網站中除了 S 公司的名字，還有幾間位於不同地區的公司，主要在中東和歐洲地區，似乎目標市場不在亞洲。

之後我繼續從不同的切入點調查 S 公司，影片、社交網站、招聘論壇等通通不放過，務求從各個面向拼湊出 S 公司的全貌。

「所以，你那個新 client 是做甚麼的？」Russell 問，大半天過去，我和他在茶水間忙裡偷閒。

如果 Nick 也在公司的話，大概會拉我們陪他到樓下平台吞雲吐霧吧？

「賣智能電話的，深圳的公司似乎是研發中心加決策指揮中心，我見他們有在深圳的大學中招聘，工程師和會計之類的都有請。」

「沒有工廠嗎？」他在飲品機中按了一杯美祿。

「好像沒有，只是找工廠生產之後賣給分銷商，最後賣到中東地區。」我按了今天第二杯咖啡。

「那應該很簡單呀，單純的 trading company。」

「應該吧，還未深入做，所以未知道有沒有其他隱藏問題。」

「說的也是，金玉其外，多半敗絮其中。」

「頂你，別咒我，回去工作吧。」

沒想到這樣都被他說中，S 公司真的有一個根本的問題需要解決。

「喂你好，請問是阿紅嗎，我是香港那邊的審計，有些問題想問你，請你有空時打電話給我，謝謝。」整個早上就是不停打電話，但不是無人接聽就線路繁忙，不知道是否有心避開我。

我現在可是有一大堆問題要問呀。

「哇，這兩箱是甚麼？」Russell 剛從經理那邊回來，錯過了我獨自搬運兩箱文件的畫面。

「我也想知道。」我把箱子放在地上。

星期二這天一早就收到公司郵件室的電話，說有兩箱快遞要我接收，一打開箱子，就發現兩箱按月份釘裝好的單據。

「憑證嗎？」Russell 問。

「類似吧。」我拿起其中一本封面寫著「一月」的單據來翻閱。

一般憑證會記錄著交易的日期、金額、描述、影響到的帳目以及製單人和審批者的簽名，但我手上的文件就只有單據。

彷彿有人把憑證的頭幾頁抽走，只剩下交易的證明文件。

「沒有紀錄那怎樣做？ GL 呢？」

「沒有，甚麼都沒有，客戶連電話都不接。」我手上除了這兩箱文件外就只有 S 公司的管理報表。

至於 GL 則一直放在待處理事項的首位，用最能吸引人類注意的紅字黃底間著，但就算這樣阿紅都一直沒有提供。

「會不會是未埋數呀，十月年結的嗎？」

「十二月年結的，已經過了十個月，甚麼數都入土為安了吧？」

「唔唔……」放在桌面上的電話震動，阿紅終於打電話過來。

「喂，早安。」我說。

「對不起，今早有幾個會議，沒空接你的電話。」

「不要緊，其實我是想追問 GL 的情況，還有我今早收到兩箱快遞，但只有單據，想問那些是憑證？」

「GL 嘛，我已經拜託了會計公司快點給我，但他一直在拖，我下午會再追一下。」

「會計公司？」我不明白，她不是會計部經理嗎？

「哦，是這樣的，我們公司的記帳是找會計公司做的，管理報表也是他們做的，但當初沒有跟他們說要 GL，所以他們要花點時間做。」

「那麼那兩箱文件是？」

「就是之前給會計公司做帳的文件呀，也不是憑證，因為我們公司去年還沒有買會計系統，憑證是做不出來的。」

「那會計公司會做憑證嗎？」

「嘛，大概不會了，到時我收到 GL 再轉發給你和 Monica 吧。」

「嗯，好的。」我一時間思考不過來，放下電話，看著彷彿在旋轉的電腦熒幕。

沒有 GL 和憑證的公司呀，還真是第一次遇到。

「沒有 voucher 又沒有 GL，那怎樣做？」Marcus 問，他和 Russell 在做一間上市客戶的 planning。

「GL 會有的，她說在等會計公司，但看來真的沒有 voucher。」我說。

「加油呀，你可以的。」Marcus 說。

「也不能不可以啦。」我苦笑。

沒有製作憑證的話，抽查交易紀錄的難度會增加，也沒法透過憑證有否缺少來確認記帳的完整性，更加無法得知入帳後的紀錄是否有人審核。

不過，也未去到無計可施的地方，第一步，就先解決管理層有機會出手干預 [57] 這個問題吧。

在 planning 階段最重要的工序是了解客戶的內部控制程序，衍生出來的工序諸如 journal entry testing 和 walkthrough test 等等，都是朝這個方向進發。

一般在做 journal entry testing 的時候，只需要抽查二十五隻不同範疇的樣本，看他們有沒有沒入錯帳目，記帳者和審核者有沒有明確的職權分工即可。

但今次棘手的地方在於記帳部分外判了給別人，要取相關的資料也變得轉折。

到了下午，阿紅總算轉發了會計公司製作的 GL 給我。

「__，這是甚麼垃圾呀？」我在心底暗叫，畢竟那所謂的 GL 也過於簡陋了。

沒有編號也沒有描述，只有最基本的日期金額和帳目，我正想打電話

[57]. 無論一間公司的規模是大還是小，是複雜還是簡單，審計師認定了兩種被界定為財務報表層面的風險 (financial statement level risk) 一定會出現：第一是收入，因為收入是一份報表最根本的利潤來源，人為出錯的風險最高；第二是管理層干預內部控制 (management override of control)，管理層有機會利用自己的權限去控制會計紀錄，從而造假。

針對這兩個 presumed risk，收入一般會被界定為重大風險類別 (significant risk)，需要做更多更 detail 的程序，而減少 management override of control 的其中一個方法是職權分工 (segregation of duty)，處理記帳和審核必須由不同人負責，檢查客戶的分工是否有效亦是審計師必要執行的工序。

給阿紅，卻發現時針已經指著六字，大概已經下班了吧。

　　果然，電話無人接聽，我就這樣看著空洞的 GL 和兩箱單據，久久不能言語。

　　不過，人類最厲害的武器，大概就是有一顆不停活動的腦袋。

　　思考，不斷思考，結合過去的經驗然後得出解決問題的方法。

　　「阿紅，那個GL太簡陋了，最起碼要讓他們在每一項交易加上編號呀。」我說。

　　「哎喲，還要加編號呀？好吧我跟她們說。」

　　「盡量星期五前完成好嗎，不然我們時間不夠。」我看著電腦中的日曆，現在是星期三早上，只要星期五下班前完成，下星期都可以馬上開始做測試。

　　「好的好的，盡量啦。」

　　「另外想問，你們委託會計公司記帳的流程是怎樣？」

　　「就是把單據給他們呀，然後他們就會做一份報表。」

　　「那麼收到報表你會審核嗎？」

　　「那個嘛，嗯……」

　　「即是會吧？」我不耐煩。

　　「也會啦，總會看一下。」

　　「那就好啦，謝謝。」

　　那我就可以把會計公司當成內部控制程序的其中一環，記帳者和審核者的分工也大致能夠確認，認真地把無法判斷真偽的認知記錄，包裝成理論中的標準答案，這大概也是技能的一種吧？

　　寫故事似的把各個營運週期的內部控制程序寫下來做成 system notes，再直接從單據中找出我需要的文件當 walkthrough document。

　　每天就是打電話給阿紅、找文件、作故事、上網查 S 公司的資料，利用這兩天的空檔，漸漸完成 planning 的工作。

　　Monica 也沒有特別追問我的進度，只是在完成 planning 之後，我開始準備入 TB 和更新不同的 leadsheet，然後發現了另一個問題。

　　好像，沒有做 stocktake ？

　　「對呀，年結時沒有做 stocktake，因為 tax 那邊在年中才接這個客，到下半年才轉給我們做審計，也不可能安排到 stocktake。」我用 Skype 問 Monica，得到了不太驚訝的回覆。

　　「不過，在十月底的時候有同事去了做 stocktake，但就要做 roll back testing[58]。」她接著說。

　　「明白。」我在心中暗罵，十個月的 roll back testing 可不是鬧著玩的。

58. 如果無安排在年結當天進行 stocktake，就會利用 testing 的方法在檢查實際 stocktake 日和年結之間的存貨變動紀錄，間接確認年結當日的存貨紀錄沒有錯漏。如果 stocktake 日在年結之後，做會做 roll back testing，反之則是 roll forward testing。

　　「不過做十個月的 roll back testing 之前也是未試過的。」她說，難道今次可以豁免？

　　「你先做出來讓我看看吧，我再決定怎麼。」

　　雖然阿紅提供的那兩箱文件中有齊發票和倉庫收貨發貨的單據，即使真的要做 testing 也不會有太大的難度。

　　只不過是十個月的存貨變動，加上出、入、overstatement、understatement 四個方向，最少也要做二百隻抽樣吧。

　　而重點是就算測試做再多，也無法確認十個月前那批存貨真的存在，畢竟眼見為實，會計文件這些東西，其實要多少有多少。

話雖如此，星期五那天阿紅真的提供了加了編號的 GL，而我還是在小山般的文件中一直抽單抽到凌晨兩點。

「嗨，我是 Sandy。」一位外貌乖巧的女同事走到我身邊：「這星期我有 S 公司的 booking，請問我有甚麼可以幫忙？」

「哦，你好，」我輕托眼鏡：「你幫忙做 testing 就可以了，知道怎樣做嗎？」

「應該知道的，之前也有做過。」她拿出筆記薄。

「很好。」然後我簡單把我對 S 公司的認知告訴她，也讓她寫下分配給她的 working paper。

「這星期之內要完成，但因為我要預留時間 review，所以最好能夠在星期四之前做完。」

「好的，我盡力。」

我把那兩箱文件交給她，亦沒有要求她坐在我的附近，我猜可以選擇的話誰都會希望和自己的朋友坐在一起，而不是在 AIC 旁邊隨時候命。

反正結果是最重要，只要最後能夠完成，那就可以了。

Sandy 開始做測試，而其他的 leadsheet、拆 breakdown、解釋 fluctuation 以至起草財務報告都是我的工作，即使對象只有一間公司，也沒悠閒的餘地。

先易後難，我打算先從銀行餘額入手，卻發現 S 公司的銀行存款少得有點不合理，甚至在檢查月結單後發現全年幾乎沒有銀行交易。

「怎麼可能呢，人工和日常雜費都會用銀行吧？難道全都是現金交易？」我開始自言自語。

直接查 double entries[59] 吧，

> 59. Double entries，複式記帳，是絕大部分公司使用的記帳方法，在記帳的過程，每一項交易都必然會以同等的金額記錄在兩個或以上的帳目中，例如以現金支付工資，則會在工資的借方（debit side）和現金的貸方（credit side）記錄相同金額，因而最終記錄了全年發生的交易後，借、貸兩方必然會平衡，而審計師在審計的過程中應用「借貸平衡」的原則去追查交易。

打開 GL 篩選工資，借方入帳是「行政人員工資」，那麼貸方會是……

「竟然是『董事往來』？」我低聲說。

不但是工資，其他支出，甚至是銷售的貨款都是經「董事往來」收取，看來需要問個明白。

但在我拿起電話的那一刻，通訊窗視卻突然彈出。

「我做了一部分的 sales testing，發現了一些問題，現在過來找你。」Sandy 說。

「OK，我過來看看。」我拿著電腦走向 Sandy 那邊，免得她要把單據搬來搬去。

「有甚麼問題？」我放下電腦，豬肉枱坐滿了陌生的面孔。

「你看看這兩張單，」她拿起兩份文件：「它們的印章幾乎是一樣的。」

「嗯，的確很像。」S 公司所開的銷售發票都會有個別客戶的公司蓋章，而 Sandy 發現有部分 S 公司的客戶的公司蓋章極度相似。

相似到除了公司名稱之外，大小、形狀、圖案都一模一樣。

「除此之外，這一個客戶的公司和 S 公司只差了一個字，他們會不會有關係？」

「也有可能，你把這些可能有問題的公司記錄下來，我會再調查。」

「謝謝你。」她說。

如果說有人天生就是做審計的材料，大概就是 Sandy 這一類。

說到調查的話，最常用的方法也只有一個，就是公司查冊和訴訟調查 [60]。

60. 公司查冊，company search，由於在香港登記成立的公司必須向公司註冊處提交週年申報表（annual return），透過查冊服務可以從申報表中得知公司的登記地址、股權、董事及公司秘書等資料。
訴訟調查，litigation search，透過調查不同法院的訴訟紀錄，以確認對象公司是否牽涉在官司當中。

公司有和特定的調查機構合作，只要付錢就可以在幾天內得到調查對象的週年申報表和董事變動等資料，費用最後會加在客戶的帳單裡。

當然，自己也可以上公司註冊處找到有註冊公司的基本資料，但更深入的調查就要額外付錢了。

到晚上 Sandy 已經整理好 S 公司那些有可疑的客戶，當中有些甚至和 S 公司的登記地址相同，填好表格交給負責公司查冊的調查機構後，到第二天下午就收到回覆。

「結果怎樣？」Sandy 問。

「沒甚麼，驟眼看起來這些公司和 S 公司並沒有共同的董事，似乎不是關聯方，不過有部分中國公司要另外申請調查，看來還要等一段時間。」

「那些印章這麼相似，真的不會有問題？文件也太整齊，總覺得很可疑，有種 too good to be true 的感覺。」

「就算是可疑，現階段我們也沒有甚麼可以做到。」我說，心底裡突然覺得她太認真，真想跟她說其實沒有人會在意這些單據的真偽。

「如果那些是假公司怎辦？」她堅持。

「那樣也沒有辦法，你現在先做好其他 testing 吧，這個問題我會再研究。」我說，手上還有一堆工作未完成。

但老實說，就算 S 公司的客戶是真的，交易也有文件支持，但收錢付錢經由董事的私人的銀行戶口處理，整個做法的確很奇怪，沒有現金流，單憑幾張作為「證據」的文件，又有多大的說服力？

「我問過阿紅，她說由於公司成立不久，而且不是中國公司，難以在中國開銀行戶口，但辦公地點在深圳，日常收入和支出就唯有借用陳董的私人戶口，但這樣做沒有問題嗎？」我問剛好經過豬肉枱的 Monica。

有些解決不了的問題無謂逞強，早一點問比較好。

「這樣呀，雖然是不太好，但也沒有違反甚麼規定，他們往來帳有記錄清楚嗎？」她手上拿著一包零食，常見的加班提神方法。

「有，但阿紅說應該不可能提供陳董私人戶口的月結單，我們也沒法確定他們的收入是否真的有現金流入。」

「嗯，這樣的話做一份關聯方的詢證函，讓他們確認年中發生的交易就好了，至於印章，其實來來去去都是那些款式的啦。」

「好的。」我為筆記簿增添塗鴉。

「我明天再套阿紅的話吧，再者我覺得問題不大，反而有另一點想你們注意。」

「係？」

61. 中國勞動法規定給予勞動者的社會保障，法定的一般細分為養老保險（endowment insurance）、醫療保險（medical insurance）、失業保險（unemployment insurance）、工傷保險（employment injury insurance）和生育保險（maternity insurance）以及並非法定的住房公積金（Housing Provident Fund），合稱五險一金。

「你幫我看看他們的社保費用 [61]，感覺金額有點低。」

「好的，我研究一下。」

「謝謝。」

Monica 留下一個意味深長的微笑之後便消失在走廊的轉角處。

「你今次慘了。」我跟 Sandy 說：「她一定很喜歡你。」

「為甚麼？我不要。」她放下手上的單據。

「你被 tail 底老闆看到你這麼認真做 testing 的模樣，還發現了客戶可疑的地方，又自發加班，她一定對你留下了深刻的印象。」

「那麼你自己不也是嗎？」

「我？不會的，我已經得罪了這公司最不可以得罪那班人。」我說，又想起過去的 peak season 和 Mandy 她們反目的畫面。

還未做完的工作堆滿在桌上，各種備忘快將從筆記簿溢出。

幾個月前我還在一個等待別人命令的位置，幾個月後卻要統籌一個項目的進行。

有人說適合留在這行的人就只有兩種，強大得能夠在短時間內完成工作的人，還有不介意花大量時間都要把工作完成的人。

所以當我不知道第幾晚留在公司，只為完成這個滿目瘡痍的新項目時，我開始思考自己是否適合繼繼續做下去。

S 公司這項目的審計對象只有一間公司，但發現到的問題卻接踵而至。

「社保嘛，我之前不是跟 Monica 說過嘛，我們是跟足指引做的。」阿紅在電話的另一端不耐煩地說。

「但全年繳納的社保金額只佔了總工資的百分之一，這也太少了吧？」我說。

「這個喔，社保是根據地區的基數，和工資未必有直接關係的。」

「如果 S 公司將來要在香港發展，比如上市的話，被查到有漏掉員工的社保肯定是不行的，你不如再檢查是否有繳足吧。」

「這樣呀……唉，我晚一點回覆你吧。」

S 公司這樣一家貿易公司刻意找四大做稅務規劃，甚至準備在杜拜成立總公司，背後一定有更長遠的計劃。

果然，當日黃昏就收到阿紅的回覆，她根本一開始就在隱瞞。

「她說 S 公司是香港公司，所以只有幫部分員工繳納社保。」我用 Skype 跟 Monica 說，順便把阿紅這個有點牽強的講解電郵轉發給她。

「吓？這樣也可以？」

「她反問我是香港公司不是交 MPF 就可以了嗎，而 S 公司是香港公司，

他們的員工也應該交 MPF 就可以了。」我說：「但事實上是兩樣都沒有交。」

「我就猜到他們肯定有古怪，那她打算怎辦？」

「我有提議過讓她們做一條社保的調整，但她拒絕了，說其實工資中也包含了『社保』的成份。」我把另一個電郵轉發給 Monica。

「真的假的？」

假的，真想這樣回答。

「阿紅給我的工資明細中，其中一項是每月百分之五的另類補貼，她說這就當是社保的支出。」

62. 完成審計後，審計師會就過程中的發現撰寫建議書給客戶管理層。

「這明顯是有問題的，而且更重要是他們有沒有為員工登記社保戶口，唉，不管了，比較一下那另類補貼和實際應繳的社保差多少吧，去年的事也沒法改變，我會把這一點加到 management letter point[62]。」

「OK。」

「早一點回家吧，辛苦你們了。」

我把電腦轉向 Sandy 讓她看我和 Monica 的對話。

「不要給我壓力啦，我 testing 還沒做完。」Sandy 說。

「哈哈，這就是經理級的門面工夫呀。」

手上的工作根本未完成，而到明天她一定會追問我們的進度，在這個時間點上叫我放工根本沒有意義，不過是製造了一個她沒有讓下屬加班是他們自己勤力的假象而已。

而我們，卻只能無奈地任人擺佈。

再長的 schedule 都會結束，更何況今次只有兩星期，社保的問題阿紅計了一遍又一遍，最終也同意讓步做部分調整，可疑的地方仍然可疑。

　　不過，既然最終在報告上簽名的人認為沒有問題，我也好，Sandy 也好，也沒有繼續追究下去的理由。

　　星期五那天我們把手上的資料整理好交給 Monica，也就功成身退了。

　　雖然常說這類型的項目需要無限 follow up，但偷得浮生半日閒，之後要做的事就留到之後才算吧。

　　而到頭來，我們的努力到底有沒有意義，真相是否重要，甚至真相是否存在，我沒有答案，也不需要答案，反正我已經放棄了追尋。

9/ 其實每個人，都在等一個屬於自己的出口

寒風凜冽，三人走在看似沒有盡頭的天橋中，輕嘆，埋怨，和憂慮。

「下一年不知道會怎樣。」Kay 說。

「一隻 job 不可能有五個人的，下年我或 Mandy 其中一個要離開吧。」Karen 用頸巾包裹著自己。

「她說過會辭職，雖然我不相信。」我走在最後，想著晚餐應該吃甚麼。

「她真的辭職就好了。」Kay 說。

「但她辭職我就要帶這隻 job 了。」Karen 聲音顫抖：「我一定做不到的。」

「最好就是下年有五個人，然後她一直留在公司。」Kay 笑說著不可能發生的事。

但這種幻想對當時的我們是必要的，當時還是二零一四年的年頭，我們三個在 H 集團的辦公室沒日沒夜地工作，幾乎連吃飯的時間都可以睡著。

「最好是她辭職，你做 AIC，」我看著 Karen：「我會盡力幫助你，不用擔心。」

「我也是。」Kay 搭著我和 Karen 的肩膀。

「謝謝你們。」Karen 淺笑。

然後一年過去。

Mandy 沒有辭職，Karen 也被調離 H 集團這項目，因為高層們有他們的考量。

Peak season 期間 Flora 除了 H 集團之外，手上還有幾隻大型的項目，例如一間賣鋼鐵原料的 B 集團。

B 集團雖然是私人公司，但其規模比一般上市公司有過之而無不及，而 Karen 則被指派做 B 集團這項目的負責人，理由是「即使是上市客戶的項目也不能夠同時有三個 senior」。

其實當初大概能夠猜到這結果，只是我們一廂情願地認為這個三人組合可以一直持續下去，卻沒想到那一天是我們最後一次走過那條熟悉的天橋。

十一月中，當我成完了 S 公司的項目，把手上的東西交給 Monica 之後，看到剛回到公司的 Karen，她這個月都在做 Flora 另外一個項目的 planning。

「你下星期要去 DLS，我把前幾年的資料給你吧。」Karen 說，DLS 是 H 集團東莞子公司的簡稱。

「如果可以和你一起去就好。」我放下電腦。

「我也想，但這是不可能的。」她笑說。

「我不敢想像今年會怎樣，畢竟我和她們的關係都變成這樣。」其實這樣也有好處，起碼遇到她們時連打招呼的氣力都可以節省。

「或許我也有責任。」她把幾個文件夾拖曳到 USB，顯示進度的空格漸漸被填滿。

「不關你的事，Mandy 太難相處了，即使當初我迎合她也沒有用。」

「其實她也很可憐的，她全年都被 Flora 用盡。」

「是嗎？但這個是她自己的選擇。」

既然選擇了成為某些經理的心腹來換取權力和金錢，那自然要付出相應的代價，正如我選擇和 Daisy 她們那班「得勢份子」反目，也能預見到自己的下場。

「算了，不說這個。」Karen 把 USB 交給我：「裡面有過去三年我去東莞 fieldwork 時用過的資料，應該有幫助的。」

「謝謝。」

「Chris 希望下星期一我和你們去 DLS 一天幫忙交接,我跟 Flora 說了,但到現在她還未回覆我。」

到星期日總算收到 Flora 的回覆,大概是花了兩天和 Mandy 商討一些從來不會告訴我們的事,但我也沒有興趣知道。

星期一那天,我、Karen 和一位新入職的同事 Steven 一早便在深圳準備出發。

DLS 每天早上都會安排車輛接送香港的員工,集合地點恰巧和去 L 集團那次的上車位置一樣。

又是那間沐足店的門前。

大約四十五分鐘的車程便去到 DLS 的廠房,Karen 帶我們到二樓的辦公室,財務部的經理早已經在等候。

「Chris,早安。」Karen 說。

「早安呀,你怎麼不做啦?」Chris 說,他嘴角留著兩撮小鬍鬚,充滿莫名的喜感。

「我被人賣到其他項目了,今年由 Timber 負責做 DLS 這部分,你可不要欺負他。」Karen 把我拉到 Chris 的面前。

「你好。」我點頭。

「他是 Steven,這個星期也會幫忙。」

一番寒暄過後,Chris 帶我們到會議室,Karen 亦開始講解這星期要做的工作。

基本上就是年審前的預備工作,例如先做半年的測試,而最重要的,是預備詢證函的抽樣。

「因為 DLS 是 H 集團的其中一個生產基地，供應商除了數量多之外還分成不同的類型，所以每年都要寄大量的詢證函。」Karen 認真地說。

「嗯。」

「為了加快發函的程序，我們會用十月的結餘抽選樣本，等到十二月結算之後 Chris 便會馬上預備詢證函。」

「好的。」

「他們催促對方回函，一般都能夠收到回覆，所以不用浪費時間做 alternative。」

「非常好。」

然後她向 Steven 簡介做測試的方法，以及憑證存放的位置，有人說 continuity 會扼殺審計員工的學習機會，或許吧，但實際上根本沒有那麼多時間讓人由頭學習，結果也只會是不斷的犯錯。

一天過去，Karen 黃昏便回去香港，始終她身負其他 schedule，借用今天只不過是向我們解說 DLS 的環境以及向 DLS 的員工道別。

接下來幾天的工作不算緊湊，加上 Chris 的盛情款待，竟然有一種渡假的感覺。

「我的 testing 差不多完成。」星期四下午 Steven 跟我說。

「這麼快？」其實我手上的工作也差不多完成。

「因為 Chris 有幫忙，而且憑證非常整齊。」

「這樣的話你跟伺服器同步，我晚一點再看。」

「好的。」他說：「我想問你一個問題，希望你不要介意。」

「係？」我放下手上的工作。

「其實你為甚麼會選擇這一行？」

「呃，其實我也不知道是否算是選擇。」

「我當初是讀中文系的，到找工作時覺得四大的前景不錯便入行了。」

「哈哈，的確大多數人都這樣想，這也是事實。」

「所以你也是這樣？」

「差不多吧，當初打算做五年再算，現在渾渾噩噩的都已經過了兩年多。」

「有人說過，如果日本戰國時代和中國三國時代的武將對打，中國武將穩勝，因為從前的日本人太矮了。」

「哦，是這樣嗎？」

「但其實很難說，有些事不實際嘗試，是不會知道結果。」

「嗯，說的也是。」

我們的話題從中日武將到時間旅行的可能性到彼此的夢想，糊裡糊塗地聊了一個下午，讓我想起了一件久違的事。

我們真正想做的事，到底是甚麼呢？

「我應該一月的時候會再來。」我跟 Chris 說。

「到時 Steven 還會來嗎？」他問。

「應該不會了，他一月要做其他項目，到時有新同事過來。」

「新同事？我又要由頭講解一次我們的運作嗎？」他皺眉，雖然我知道他只是開玩笑。

「對呀，到時麻煩你了。」

登上回香港的車，Steven 問我有關做測試應該留意的事，於是我向他分享了這兩年遇過的事，最後的結論是，無論認真做還是放飛機到頭來或許都是一樣。

　　車外街景後退，經過了城市，經過了農田，又經過了城市。

　　年月漸過，增添了經歷和回憶，卻沖走了天真和率性，在變得老練的同時，看待工作的態度已經無法和以前一樣。

　　「做好本份就可以了。」我看著車外說，沒有理會車廂中其實有其他人的存在。

　　「但甚麼是本份。」

　　「這個要你自己去摸索。」

　　回到香港後，又做了不同的項目，二零一四年是一個動盪的時期，當時大家都準備迎接改變，但到頭來卻甚麼都沒變，而這一年和去年一樣，在 stocktake 中完結。

　　踏入二零一五年，peak season 的 schedule 卻未開始。

　　反正即使是上市公司客戶，最快要去到一月中才能提供全年的財務數據，知道這一點的老闆們又怎會白白讓員工享受這半個月的甜蜜時光？

　　於是漸漸的除了 AIC 之外的人都只會在一月中後才開始 schedule，這些擠出來的人手便可以分配到其他中小型項目。

　　例如我又去了泰國做 W 集團的預審，回港後又做了一間知名連鎖咖啡店的項目。

　　之後，我才回到葵芳那個充滿回憶的地方。

　　但不同的是，我們被安排到另一邊的房間，因為去年那純白而且沒有窗戶的房間被其他人佔用了，據聞是今年 H 集團的高層聘請了企業諮詢師，當時我不以為然，卻沒想到有些重要的事情在默默進行，但那是後話了。

　　「早安。」Mandy 說，房間只有一張細小的辦公桌，無法想像四人同時在這裡工作。

　　雖然這星期只有我和 Mandy。

「早安。」我點頭。

「地方淺窄，不要介意。」

「哦，也不會，哈哈。」我放下背包開啟電腦。

房間內只剩下敲打鍵盤的聲音，寧靜得令人反胃，我和 Mandy 本來就沒有甚麼交情，去年 peak season 過後忍不住告訴其他同事我們遇到的奇怪要求。

例如要在底稿中無意義的雕花，例如每次改數都只有她知道改了甚麼，例如「翻 Q」去年已經有的飛機位，例如明示暗示要別人放飛機，例如自己因為 high pay 的包袱而要答應經理所有要求，但無法完成的時候工作量又流到其他同事的身上。

大概這些話輾轉傳到她們的耳中，她們也索性摘下友善的面具。

反正在她們的世界裡，只有她們可以說別人壞話，但其他人就連批評的空間都沒有。

「你之後要再去一趟 DLS，但確實的時間還未定好，我和 Flora 還在討論。」她說。

「哦，我沒有所謂。」我笑說。

「這個星期先做香港的細公司吧，反正比較大那幾間她們還在埋數，希望你不會覺得大材小用，嘻嘻嘻。」

「怎麼會。」我只想離開這個空間。

利用工作來分散自己的注意力是一種絕佳的方法，反正要做的事情太多時間卻太少，有餘暇應對 Mandy 的冷言冷語的話，還不如多填兩張 Excel。

畢竟 H 集團旗下的香港子公司有數十間，而且幾乎全部都要獨立出具財務報表，即使有部分是接近不活動 [63] 的公司，但還是有一堆簡單但繁多的工序要做。

「嗨，May，我又來了。」我走到會計部，打算在存放憑證的房間內閉關，順便跟 May 和 Ivy 她們打個招呼。

「嗨，又見面了。」May 笑，Ivy 也向我點頭：「你們今年這麼少人？」

「還好吧，之後會變回四個的。」我說：「不過 Karen 被調到其他項目。」

「我知道，她有跟我說，」May 摘下那副只有工作時才會戴的眼鏡：「那麼誰去 DLS ？你嗎？」

「對呀，如無意外是我和今年新加入的同事。」

「哦，Cerise，她之前也有來過。」

「好像是，那星期我在 DLS 那邊，她們就在香港這邊。」

「真希望你們的人事不要變來變去。」May 笑說：「不然我每次也要由頭講解。」

「哈哈，Chris 也是這樣說，但沒辦法啦，我們這一行就是這樣。」

招呼打完，我走到只有幾排鐵櫃的憑證房間，雖然沒枱可用沒椅可坐，但總比對著 Mandy 好，反正坐得太多早晚會像她和 Flora 一樣，越來越豐滿。

「我今天打算放工後回公司，有些之前的手尾要處理。」我跟 Mandy 說。

「哦，好呀沒有問題，其實你留在公司也可以，嘻嘻嘻嘻。」她最近午餐都吃自製的沙律。

「那又不用，始終要抽單，」而我則吃 H 集團提供的免費外賣碟頭飯：「有沒有甚麼要帶回公司？」

「呃，有些詢證函可以寄，待會給你。」

63. Dormant company，不活動公司是指一間完全沒有會計交易的公司，而所謂的會計交易不包括繳交商業登記費用。按照《公司條例》第 5 條，私人公司可通過一項特別決議，宣布公司處於不活動狀態，並向公司註冊處處長交付該決議登記。

「好的謝謝。」

然後又是沉默，直到黃昏。

離開那細小的房間，我呼出一口濁氣，把整天的鬱悶排出體外，冷冰的寒風鑽進肺部，令人精神為之一振，至少，又可以捱多一個晚上。

有人說如果可以選擇，就寧願 wok job 都不要 wok 人，審計的工作雖然長期與數字為伴，但說穿了還是對人最多，同事、上級、客戶，隨便出現一個爛人都會令工作雪上加霜。

我同意這說法，但事實上我們根本沒有選擇。

巴士轉出隧道，沿路的燈火取代了繁星，路上行人如鯽，那是歸家的臉孔，但我只能帶著背包回到公司。

一月中的公司理所當然地多人，我隨便找個角落坐下便開始工作。

「咦，你為甚麼會在這裡？」不太熟的同事問。

「寄信呀，順便加班。」我指著電腦旁的詢證函。

「哦，加油。」他說，眼神古怪，大概覺得我是故意回公司加班爭取表現。

但我主動回公司的原因其實只有一個。

「唉。」Karen 把手袋放在我旁邊的座位。

「又怎麼了？」她就是唯一的原因。

「垃圾客戶，我只不過是想要寄詢證函，叫他們給我應收帳款的結餘罷了，拖了一個星期都還未做好。」

「算啦，先吃飯吧，你想吃大家樂還是大快活？」

「隨便吧。」她皺眉。

「那麼吃 Triple O 吧。」

有研究說，吃肥膩的東西可以減壓，我不知道真假，反正我信了。

「又是香港那些細公司嗎？」Karen 咬著薯條，看到我電腦熒幕的畫面。

「對呀，不過很簡單。」

的確，埋細公司是一個很簡單的過程，全年只有一兩宗交易，甚至只剩下繳交商業登記費用這個在公司條例定義下不算是會計交易的交易，由於金額太小連測試都不用做。

唯一要注意的，就只怕去年的 working paper 不是最新的 [64]。

「咦，改了數？」我拿著去年出具的財務報告，發現上面的數字和底稿有些微出入。

「改了很多嗎？」

「也不算，沒問題的。」我揚著手中的報告：「有了答案，現在調轉把過程做出來而已。」

遇到這種情況，只需要比較去年的報告和去年的底稿之間的差異，之後直接把調整補回去就可以了。

64. 基本上一份由審計師簽署的財務報告必定會有相應的 working paper 作支持，但實際上，在進行上市公司項目的時候，礙於公布業績有時限，經理和老闆只會著眼於需要公開那份財務報告，至於集團內子公司的報告往往是等到報稅時才處理，那時候檔案多數已經 archive 無法更改，於是經理或老闆或 AIC 們就會直接在報告的草稿上改換，或另外儲存一系列的 working paper。

但問題是到下一年項目再度展開時，同事會提取已 archive 的檔案去更新今年的資料，而那些在 archive 之後才進行的修改卻只會存在於去年有參與到最後的人的腦中，如果他們還未離職甚至仍在項目裡自然沒有問題，但萬一他們已經先走一步，那便要自己由頭研究。

還好這些公司的規模簡單，來來去去到只有幾個帳目，做起上來也不算困難。

到第二天 Mandy 才把去年項目歸檔之後才做的修改轉發給我，但我早就已經完成了。

「我想問我下星期去 DLS 嗎？」我問，又到了和 Mandy 獨處的時光。

「還未決定，等 Flora 回覆，嘻嘻嘻。」

「但今天已經是星期四，Chris 問我要不要幫忙訂酒店之類。」

「嘻嘻嘻，不要『揍』我啦。」她瞇起細長的眼睛。

「那我跟他說還未決定。」

到底她們在盤算甚麼，我永遠都不會知道，我只知道這星期 Kay 和 Cerise 在廣州進行現場審計，原定計劃是 Cerise 會在下星期和我去東莞，而 Kay 則回香港幫忙。

這個簡單的行程卻拖到星期五的黃昏才能決定。

「下次早一點跟我說呀，酒店都可能沒房間了。」Chris 在電話的另一端說。

「我也不想呀，真是不好意思。」其實可能沒有下一次了。

「供應商的結餘計好了，你把詢證函的模板發過來，我再寄去你們的函證中心。」

「好的，我先在系統裡登記，再把紀錄一併給你，麻煩你了。」

這星期除了跟進之前那咖啡連鎖店項目的手尾之外，還要預備 DLS 的現場審計和處理香港那堆沒有業務的子公司，日間八個小時不可能完成，唯有在沒有 OT 鐘可以篤也沒有半點鼓勵的情況下，每晚回到公司加班。

反正做不完的工作頭來還是要自己做，這一點從第一年開始到現在都沒有變過，早一點加班趕工，總好過到最後才發現趕工也趕不及。

星期一的早上，同一家沐足店的門前，即使今次只有我一人，也不可能像上次去 L 集團那樣慌張，充其量就只是覺得有點冷而已。

前往東莞的員工車輛準時在八點五十分開出，Cerise 則在廣州直接出

發到東莞，她們似乎連週末都留在廣州，讓一個 A2 和 A1 處理一間中國主要子公司的現場審計，在我看來是有點過份。

當人手不斷流失，餘下的人就只能被迫著快速成長，這也是為何外人稱四大為「少林寺」的原因。

「早安 Chris，」我拖著行李箱走到二樓的辦公室：「另一位同事到了沒有？」

「一早到了啦。」他一手搶過我的行李，帶我到會議室去。

「早晨。」推開會議室的房門就看到一堆憑證，似乎她已經開始工作。

「這麼快手？」我放下背包。

「先拿過來，不用走來走去嘛。」她說。

「那麼你需要甚麼再跟我說，我把 package 給了她。」

「噢，謝謝！」

Chris 離開會議室，卻沒有回到自己的座位，看來是借機開小差。

「那麼你先把 Chris 給你的資料給我。」我開啟電腦。

前人種樹後人遮蔭，由於每一年我們進行 fieldwork 時要求的資料都一樣，Chris 早已命員工填好了一系列的 package，而且 package 的格式也是按照我們公司的底稿而制訂，所有 breakdown 條理分明。

「你這星期除了做 testing 之外可以幫忙寫 fluctuation 嗎？」我說：「因為 testing 在十一月的時候已經做了一部分，應該不會花太多時間。」

「好，沒有問題。」

「你打算先做哪一張 testing ？」

「咦，我只是打算順著次序做。」

「嗯，這樣也可以，不過有些 testing 要客戶幫忙查找資料，就可以先做，這樣的話在等待客戶回覆時就可以做其他工作。」

「是這樣的嗎？」她瞪大眼睛。

「對，例如存貨都要 Chris 幫忙找資料，雖然每張 testing 都差不多，但其實先後次序都會影響到進度。」

「你不說真的不知道。」

「哈哈，你不知道是應該，因為你才第二個月上班。」

「好，那麼我先做存貨的 testing 吧。」

「又不用那麼緊張，我入完 TB 會更新 sample design，之後你才開始吧。」

「好的……那麼我現在應該做甚麼？」

做測試最麻煩的地方是抽樣數量有機會變來變去，後備的抽樣做太多又會浪費時間，但做得不夠又要補做，於是我讓 Cerise 先幫忙做一些行政上的工作，例如影印文件和檢查函證的進度等等，而我則專心入 TB。

「咦，retain[65] 不夾。」入完 TB 之後，卻發現了這個問題。

「甚麼？」Cerise 放下疊銀行月結單。

「哈哈，你過兩年就會知道的。」我看鐘，距離午飯還有一點時間：「我去找 Chris 問一問。」

確認了去年並沒有影響到利潤的調整，理論上不會出現累計利潤有差異的情況，唯有找記帳的人問個明白。

「Chris，有個問題想問。」

65. Retained earnings，又稱 accumulated profits / losses，即是一間公司自開業以來的累積損益，所以今年的 retained earnings 就等於去年的 retained earnings 加去年的利潤，可算是一間公司所有數據的總結。

而所謂的「retain 不夾」，是指客戶提供的管理報表中今年的 retained earnings，並不等於審計師 working paper 中去年的 retained earnings 加去年的利潤，當中主要的原因是審計師調整了去年的利益，但客戶卻沒有跟著調整，所以就會出現差異，而到了今年就需要做同樣的調整令客戶和 working paper 中的 retained earnings 不再有差異。

所以如果去年的調整眾多又複雜的話，夾 retained earnings 這過程就會變得痛苦。

「這麼快有問題，你是問題少年喔？」

「別開玩笑了，你可以給我累計利潤的總帳嗎？」因為有太多帳目，Chris 只提供了最常用的支出和收入總帳。

「累計利潤沒有動過呀，去年都沒有調整。」

「但我發現 TB 和我們的 working 有差異呀。」

「不會吧？我看看。」他在鍵盤中敲打，輸入一連串的編號。

「就是這一個了。」熒幕中彈出了一個新視窗，顯示了一項交易紀錄：「就是這金額。」

「哦，這一個嘛。」Chris 一副恍然大悟的樣子。

「這是甚麼來的？」我看到曙光。

「我怎麼知道。」

「你怎會不知道呀？」

「這是 May 叫我入的，說是集團高層的決定。」

「那麼我問問 May 吧，我用會議室的電話可以打到香港嗎？」

「可以是可以，不如這樣啦，我下午幫你問一下，我自己也需要了解的。」

「那麼，謝謝啦。」多得他突如其來的自尊，又節省了我的時間。

「吃飯吧，吃火鍋好嗎？」

結果在東莞的五天，吃了八次火鍋。

在等待 Chris 的過程中，我繼續更新各個部分的 sample design，讓 Cerise 可以盡快開始抽單，在工作的過程中就是要不停思考如何能節省時間，因為每用少一分鐘，就可以早一分鐘放工。

不過中國公司的放工時間一向都很早，還不到六點 Chris 已經坐在我們的會議室裡，在帶我們去晚飯之前他似乎打算躲在這裡。

「你那個存貨的測試我找了倉務的同事幫忙，過幾天給你。」他在滑手機：「至於你的累計損益問題 May 都覆了，你現在要聽嗎？」

「當然要啦。」

「哎呀，明天聽都一樣呀。」

「不能啦，今天晚上也要工作的。」我說，Cerise 偷看了我一眼。

「這麼勤力喔，好吧，是這樣的，香港總部不是一直跟我們購貨嗎，但其實他們是不會付錢的，只會一直掛在往來帳中，結果累計利潤和往來帳都越來越大，管理層就決定今年一次過處理掉，全部沖銷。」

「這樣呀，我今晚研究一下。」

雖然我大致理解了背後的操作，卻感到一陣違和感。

「香港那邊的公司也是同樣做法，現在只是把合併層面的沖銷搬到子公司層面。」

「好的，但應該不會直接調整累計損益吧？」

「系統裡只有這個項目呀，不然我應該調甚麼？」

「我再研究一下吧。」一時間我也給不出答案。

晚飯後回到酒店，稍事休息後便開始工作，畢竟花了一天才入了一個累計利潤未平的 TB 和更新了一部分的 sample design，不加把勁的話就趕不上 peak season 的節奏。

再度開啟電腦，開始今天的第三更，清理了接近容量臨界點的郵箱之後，就繼續處理累計利潤的問題。

遇到困難時要麼問人，要麼靠自己找出答案，但現在我的卡片上好歹也

印著「高級審計員」這五隻大字，總不能事事依靠別人，有些問題還得靠自己解決。

這類型集團內欠款的沖銷我記得之前有些項目也有遇過，如果是放棄收款的話，應該掛在一個「deemed contribution」的帳目，反之應該放在「deemed distribution」。

DLS 的會計系統裡不會有這些空中樓閣的帳目，所以才會直接調整累計利潤吧。

找到了方向，剩下的就只要整理底稿以及找出一個妥善地表達的方法，詳細寫下背景資料，明天叫 Chris 提供一些內部的證明文件大概就可以過關了。

畢竟 DLS 是中國公司，不用經我們出具財務報告，如果對合併層面沒有影響的話，老闆也不會太過在意。

抄抄寫寫，雙手在鍵盤上敲打沒有意義的拍子，回神過來已經是半夜，我才看到電話中那堆未讀的訊息。

「你甚麼時候回來？」Kay 在句末加了一個痛苦的表情符號。

「怎麼了？」Karen 問。

「只有我和 Mandy，氣氛很可怕。」Kay 回應。

「她們那班人只有在叫你做白工的時候才會笑笑口。」Karen 說：「今天 Flora 也是那樣」。

「我明白，我很明白。」我回覆。

自從上年完成了 H 集團這項目之後，我、Karen 和 Kay 成為了好友，也建立一個通訊群組，三不五時就會說幾句廢話。

像我們這種在公司中沒有勢力可以依靠的少數派，到底算是正常還是不正常？

如果所謂的正常變成了少數，那還是正常嗎？

第二天的清晨我被酒店外的廣場音樂吵醒了，那時候才六點。

「＿。」

由於酒店的早餐難以置信地難食，我和 Cerise 帶著昨晚買的餅乾在大堂等待 Chris 來接送。

「昨晚 OT 到很夜嗎？」她問，大概是發現我不停打呵欠。

「也不是，睡得不太好而已。」

「對不起呀，我昨晚沒有工作，」她一臉不好意思：「本來打算做一會的，但又好像沒甚麼可以做。」

「不緊要的，你知道這星期的目標，只要能夠完成就可以了。」我笑說，好想睡覺。

從酒店到 DLS 只要十分鐘，我向 Chris 解說了累計利潤的問題，說我會做重分類，在底稿中加一個新的項目，而他只是笑笑的應了一句「你喜歡怎樣就怎樣」。

大多數的客戶都是這樣，只要不影響到當期的利益，你喜歡如何舞高弄低都沒有問題，反正他們也不會跟調。

解決了這個問題，撇除拆 breakdown、數據變動的解釋和更新各個項目的注解和測試等等，剩下的難關大概就只有稅務計算的驗證，畢竟中國的稅法實在複雜難明。

老實說，我到現在都不敢說自己能夠透徹了解。

不過，既然審計針對的是已發生的事，就算再複雜也好，只要是真實發過就會留下痕跡，亦可以被解讀。

花了一個上午研究 Chris 提供的稅項計算，確定自己根本不會看得明白之後，就決定直接找負責報稅的人問個明白，但卻被笑面迎人的財務部經理截住了去路。

「吃飯囉。」Chris 用力把會議室的門打開。

「Chris，其實我想問關於稅務的問題。」我問，他正準備帶我們吃全羊火鍋。

「好呀，問吧。」他看著倒後鏡。

「我今早用你提供的管理報表上的數字自己計了一次企業所得稅，但和你們向稅局申報的有出入 [66]。」

「我們報的比較多對吧？」

「對呀，所以我就不明白。」

「那是沒辦法的，因為是稅局叫我們交多一點稅呀。」

> 66. 用自己的方法重新計算一次客戶提計的資料是常用的審計伎倆，尤其是牽涉到會計估算（accounting estimates），例如資產折舊、資產減值、稅項、呆壞帳撥備等等，就會因應客戶面對的情況重新計算一次，以確保客戶提供的數據和審計師期望的結果沒有重大的差異。

「吓？」我和 Cerise 面面相覷。

「今年呀，這邊的企業利潤不達標，稅局收不到足夠的稅金，便找了幾間大企業來開刀。」他把手掌架在自己的頸上，吐了吐舌頭。

「這樣也可以？」我問，心想真不愧是中國。

「有甚麼不可以，我們按真實數據報稅，他們說利潤太少，我們唯有再報呀。」

「他們是怎麼通知你們的？有沒有通告或是電郵之類？」就算知道真相我也要帶些證據回去交差。

「哪會有呢？一通電話打過來，我們就得乖乖付錢呀，稅局是不能得罪的。」

「這樣的話，你待會兒可以給我最終報稅的資料嗎？」

「當然可以呀。」

車子駛進窄巷，全羊火鍋雖然美味，但我滿腦子卻想著如何解釋這件合國情但不合法理的事，最後我還是如實寫在底稿，說 DLS 收到稅局的通知後只好重新報稅。

現在回想起來，當政府要求企業做假時，我們這班底層的「把關人」又可以怎樣？

到了這星期的最後一天，手上的工作已經完成得七七八八，畢竟每一晚回到酒店都是默默的工作，要 Chris 幫忙的部分就在辦公室做，搜集了足夠資料後就在酒店房間中東拼西湊，不浪費一分一秒。

雖然這星期連一個鐘的 OT 都沒有。

「你終於回來了。」Kay 說

在 H 集團香港辦公室的樓下遇到 Kay，她一臉無奈。

「對呀，你們有好好相處嗎？」我笑說，按下電梯的按鈕。

「基本上沒有說話，很難和相處扯上關係。」

「哈哈，靜靜工作很好呀。」我幸災樂禍。

「好你的頭，不過上星期三發生了一件事。」她稍頓：「Mandy 帶了一袋杯麵回來，說是 Flora 給的禮物。」

「哇，這樣有心？」

電梯到達十一樓，又回到這個熟悉的細小房間，果然一袋杯麵安靜地躺在牆邊。

「這裡怎樣坐四個人呢？」我站在門口，看著文件泛濫的書桌。

我不敢說自己有強迫症，因為我吃飯時不會把粟米和青豆分開，但我是一個整齊的人，例如底稿會花點時間執格式，電腦桌面也不會堆滿檔案。

「將就一下吧 senior。」她放下手袋。

我坐在靠近走廊的位置，至少可以把腳伸直。

回到香港第一件事就是把最新的函證狀態交給 Chris，利用公司的函證中心雖然麻煩，但他們會按照快遞公司提供的資料更新系統，在追查的時候

其實很方便。

讓 Chris 幫忙跟進函證後，就可以開始埋香港的子公司，去東莞前完成了一堆沒有業務的細 com，現在輪到中型規模的公司。

和去年一樣，Cerise 負責所有測試，Kay 負責損益表的項目，而我今年則負責資產負債表的項目，至於最複雜的衍生工具和延遞稅項則繼續由 Mandy 負責。

「早晨。」Mandy 木無表情地推開門，為真正的 peak season 揭開序幕。

「早晨，不好意思遲了一點。」Cerise 匆忙地推開門，而我和 Kay 只是交換了一個遺憾的眼神。

「不緊要。」Mandy 嘻嘻嘻的笑說：「我看了廣州那些 working，Kay 可以先清 Q。」

「OK。」

「至於你們應該知道要做甚麼的，那就開工吧。」

沒有嚴密的分工表，也沒有輕鬆的工作氣氛，房間內只是彌漫著翻揭文件和敲打鍵盤的回音，眨眼間又到了晚上。

沒有人知道是否要留下來加班，也沒有人知道是否可以收拾東西回家吃晚飯，Mandy 就這樣坐在角落位置不斷工作，眼鏡因為熒幕的強光而變白，讓人看不到她的眼神。

「怎辦？今晚要留下來嗎？」Kay 用 Skype 問我。

「大概要吧，看她也不會突然說離開。」我回應。

「肚子餓了。」她說。

「要不我們先去吃飯？」我看著時針指著八字的鐘。

「你問她。」

「呃……好吧。」

「Mandy，你打算吃飯嗎？」我蓋上電腦，Mandy 只是斜眼看著我。

「我打算今天回家吃的，嘻嘻嘻。」她用力擠出一個笑容：「不過你們想吃飯再回來做也可以，我沒所謂。」

「這樣呀，」我看著 Kay：「我們吃完飯再回來吧。」

反正晚上回到家中都是要工作，不如直接留在公司算了。

「好呀，隨便你們。」Mandy 又回到電腦後面。

結果到我們吃完晚飯回來，她已經走了。

「其實我們昨天那樣是否不太好？」Kay 問，通常我和她都是最早回到公司。

「你指吃飯？但也沒辦法啦，我不想十點回到家才吃晚飯。」我咬著唐記的蒸包。

「說的也是，但今晚怎辦？總覺得很尷尬。」

「我打算今晚回公司算了，反正可以和 Karen 一起 OT，總比起留在這裡好。」

「咦，這樣也不錯，我也回去。」

「你有那麼多東西要做嗎？不用 OT 吧？」

「屁啦，Mandy 開了很多 Q，我甚至還未開始做香港的 com level。」

「那好吧，今晚一起回去。」

到 Mandy 回來，房間又變成一片死寂，我有時索性到會計部或是在外面找張空的桌子，也不想待在那房間裡。

然而工作氣氛就算再差，還是要工作。

　　和去年一樣，H 集團有主要業務的公司只有十多間，換句話說，同一類型的工序需要重複做十多次。

　　資產負債表的項目比損益表的項目簡單，我是這樣認為的，畢竟前者只需要研究年末最後的結餘，但後者卻要兼顧全年發生的事。

　　沒有繁瑣的測試，需要執行的程序亦偏重於分析和計算，而且 May 會提供每一間子公司的詳細資料，例如不同項目的 breakdown 和變動，不像某些公司只會給你 GL，然後所有 breakdown 都叫你自己在 GL 中打撈。

　　有 breakdown 在手，接下來的工作不過是逐個項目擊破。

「其實呢，有沒有辦法可以做得快一點？」Kay 問，巴士即將駛出隧道。

「這個很難喎，我也想知道。」我說。

「唉，我在想我是否真的適合做這一行。」

「別想太多啦。」

「去年做 testing 覺得很簡單，但今年開始又要埋 com，又要帶 field，就覺得很難，有點無從入手的感覺。」

「不如我跟你說我平時工作的方法吧，未必能夠做快很多，但不失為一個方向。」

「好呀，我有時根本不知道自己在做甚麼。」

「通常我會問自己兩條問題，『這是甚麼？』和『真的嗎？』」我說。

「哦……」她翻了一下白眼。

「看似廢話對吧？但通常迷失的時候用最廢最簡單的方法就夠了。」我笑說：「反正我只懂這些呀，世界沒那麼多捷徑的，就算有也輪不到我去走。」

　　固定資產、應收帳款、其他應收、存貨、應付帳款、其他應付、銀行借貸、應付稅項，這些最常見的項目，應對的程序萬變不離其宗。

　　或許將審計簡化到最後，就只不過是「了解本質然後搜集證據」，默默地把工作完成，然後期望著不遠處有個名為「未來」的烏托邦。

　　就算是自我安慰也好，至少又能夠捱過了一個又一個工作到凌晨的晚上。

　　躺在床上的時間不過四五小時，拖著半睡半醒的身軀又登上了巴士，重複著和昨天一樣的今天，時間已經來到二月中，我負責的工作也完成了大半，然而 DLS 的底稿卻仍依沒有人覆核。

　　「早晨。」我放下背包，房間內只有我和 Mandy。

　　「早。」她的黑眼圈越來越深：「香港 com 做完了嗎？」

　　「有大半已經做好，你可以先 review。」

　　「好的，如果你有時間幫我看一看Cerise 的 testing，我隨便看過一兩張，發現了一些簡單的錯誤，你幫我看完讓她整理一次我再看。」

　　「好的。」我心想大概又是抽樣不夠完美吧。

　　「謝謝。」

　　「不用謝。」

　　收拾好筆記簿和文具之後我又走到會計部，但原本空著的桌子被人先用了，我只好退守到憑證房間。

　　「怎麼躲在這裡？」Ivy 拿著一份文件走進來。

　　「這裡找資料比較方便嘛。」我隨便說。

　　「呵呵，那你加油啦，有沒有遇到問題呀？」她抽出一本憑證，把手中的文件放進去。

　　「呀，有呀，有些 accrual expense 的資料我找不到。」

　　「那些可能是中國辦公室的，你給我一個清單，我幫你問中國的同事。」

　　H 集團的香港公司主要負責對外銷售，而中國公司則負責生產和後勤，於是有部分交易會在中國發生，而所有證明文件也自然放在中國，遇到這種情況就只能靠客戶幫忙做中間人。

　　到了下午回到自己的房間，卻見到兩位稀客。

　　「你好。」我點頭示好，因為那兩個人就是 Flora 和老闆 Peter。

　　只是多了兩個人，壓迫感卻幾何級數的上升，本來就狹窄的房間顯得更狹窄。

　　「你可以我們就出發啦。」Flora 用和她的外表完全不配的嬌俏聲線跟 Mandy 說。

　　「好好好，給我五分鐘就可以了。」Mandy 埋頭苦幹。

　　「慢慢啦，不是『捽』你。」Flora 笑說，卻滲出一陣寒意。

　　「呀，就按之前說好的，你 OT 照篤吧 [67]。」Peter 突然說。

　　聽到 OT 兩個字，我和 Kay 和 Cerise 馬上交換了眼色，心想難道這幾天的加班終於有回報？

　　「哦哦，知道，謝謝。」Mandy 卻神情閃縮。

　　「咦，你們還未吃那些杯麵嗎？真厲害喎。」Flora 雙手合十，瞪大眼睛說。

　　「嘻嘻嘻，對呀，還未吃。」Mandy 苦笑：「可以行了。」

　　然後她拿起筆記簿，尾隨著 Flora 和 Peter 走向另一邊的會議室，大概是跟客戶開會，反正不是我們需要理會的事。

67. 篤鐘，是會計師樓用來監察成本的方法，所有員工都要定期填寫自己在某段時期內做了甚麼項目，而相應的成本就會計算在那項目之下。如果某人這星期都在 A 這個項目中，到他篤鐘時就會填寫每天八小時於 A 這項目之下，又如果他有 OT 而老闆批准的話，他每天可以篤多於八小時，而多出來的 OT 鐘一般可以換錢或變成補假。不過，有沒有 OT 和有沒有 OT 鐘可篤基本上沒有直接關係，主要還得看那項目有沒有足夠的費用，以及老闆是否願意批 OT。
但從另一個角度看，記錄鐘數亦揭示了到底一個項目投放了多少人力，若篤的鐘數過少卻能生產出大量的審計證據，便暗示了過程中有人放飛機的可能性。

「你聽到嗎?那是甚麼意思?」Cerise 指著牆邊的杯麵。

「換成人類聽得懂的語言,就是『還沒有 OT 嗎怎麼不用吃宵夜?』吧。」我說。

「唓,OT 也可以吃其他東西,不一定吃杯麵的。」Kay 說:「一開始還以為她很好人,枉她的聲音那麼溫柔。」

「她是最可怕的,相由心生,看她的臉就知道。」我說。

但受些冷言冷語又有甚麼所謂,即使難受即使工作辛苦,只要有對等的回報就可以了,例如知識,又例如可以換成錢的 OT 鐘。

只可惜事實,往往與願望相違。

到了篤鐘那天,我們始終沒有人收到可以篤 OT 的許可,即是說有 OT 的人就只是 Mandy,難怪那天她的臉色這麼奇怪。

即使後來我們知道她是幫 Peter 做了其他工作才有額外的鐘可以篤,但空喜歡一場,大家的士氣仍然跌到谷底,原本緊張的氣氛更加緊張。

除了午飯那大半小時,幾乎沒有人主動說話,而到了晚上我和 Kay 一定會返回自己公司,有時甚至連 Cerise 都會跟著我們,到這一刻已經再沒有任何團隊精神可言。

農曆假期之前,May 把第一版的大 con 交給我們,雖然知道最後一定會改來改去,但幾天的新年假期也可以先開始 consol 的工序。

例如對數。

這幾年的農曆年除了初一二跟家人吃個飯之外,基本上每天都是工作,夾在 peak season 中間的公眾假期對我們而言毫無意義,因為做不完的工作還是要自己做,這是定律。

於是初三那個星期六,我決定返回公司追趕進度,畢竟公司有免費咖啡wifi 和無限影印,沒理由要自己貼錢工作。

　　然而，人生就是這個然而，離家後走到中途卻發現自己沒帶職員證，不但進不了公司大門，更別說要影印。

　　「頂，新年流流這麼黑仔。」我拿著一堆文件，如果回家的話大概敵不過溫暖被窩的誘惑。

　　於是我決定去一個地方。

　　當很多年前租書店還在流行的時候，屯門某幢沒有名氣的商廈中也有一間叫「Anecdote」的租書店，這店除了出租小說和漫畫之外，到後期還劃了一個地方出來賣咖啡和簡單料理，都算是一間充滿特色的店。

　　這租書店不但滿載著求學時代的回憶，最重要的是它年中無休。

　　於是我帶著電腦和文件，來到這間多年沒光顧的店，戴著黑框眼鏡的店主還是和多年前同一個模樣，只是放下加了不少價的餐牌便回到他自己的空間。

　　雖然加了價，但仍比某連鎖咖啡店便宜得多，隨便點了一杯咖啡和三文治我便開始工作。

　　今天的目標是整理手上的香港子公司的底稿，因為假期過後便要開始做 consol，能夠今天做完的工作就不要拖到明天。

　　沒想到在黃昏時分，我在這裡遇到一個人。

　　「喂，Timber！」某人突然坐在我的對面。

　　「Sam？」我抬頭，看到一張熟悉的面孔。

　　「幾年沒見了。」他笑說。

　　「對呀，你辭職之後就沒見過了。」

　　我和他雖然不是同一組，但同一年入職，而且大家都不是主修會計，所以入職前的暑假一起上 conversion program，在上課時「吹水」渡日，下課後一同喝酒擲飛標，算是一見如故。

「你最近怎樣呀？」他盯著我枱面上的文件。

「一言難盡。」我喝了口咖啡：「你呢？」

「我？我辭職之後和朋友參加了樂隊比賽，現在算是全職夾 band，剛剛在樓上練習，沒想到過來買咖啡卻見到你。」

他輕鎚了我一拳。

「我記得當年你一開始就連續做 special audit，每天都做到三四點。」

「對呀，真受不了。」他接過店主給他的咖啡：「不過現在也差不多，哈哈。」

「但也是高興的。」我拿起咖啡和他碰杯。

「最重要是能夠做自己喜歡的事，其他的事之後再算吧。」他笑說。

「自己喜歡的事……嗎？」

「不阻你工作了，我也要回去練習，」他拍拍我的肩膀：「加油吧。」

說罷，他便離開了租書店，店內只剩下我和店長，以及突然變得討厭乏味的工作。

假期結束，但那只是審計師的假期。

然而多數客戶都還未上班，大家只好回到自己的公司，熟悉的臉孔聚首一堂，熱鬧，卻不適合工作。

我們沒有猜錯，星期一回到公司就收到 Mandy 的電郵說馬上要開始做 consol，但她沒有分配工作給我們，反而把這個任務交了給我。

「我之後未必會經常到葵芳，你負責監察她們的進度，」Mandy 透過 Skype 說：「另外 Cerise 的 testing 還有其他 working 我假期看了一遍，你不用再看了。」

「OK，明白。」沒想到她那麼快手。

「謝謝。」

根據自我實現理論，你想一個小朋友乖乖聽話，就讓他做管理秩序的人，她們大概認為責任和頭銜會讓人改變，被委以重任的人就會幫忙「捽」樓下的人。

然而這計劃從去年起都沒有成功過。

「那你們自己看著辦了。」我把我和 Mandy 的對話轉發給 Kay 和 Cerise：「分工就按去年那樣吧，Kay 做我做過那些，Cerise 做 Kay 那些，不過七仔和 banking facility summary 由我做吧，始終我做過一次再做會快一點，其他就拜託你們了。」

「沒有問題啦。」Kay 笑說。

「你教 Cerise 如何做，有甚麼問題再問我吧。」我說：「雖然我也未必幫到手。」

在公司留了幾天，逗了一封二十元正的公司開年利是後，H 集團的人都差不多開始復工，第二次進入同一個迷宮，曾經錯綜複雜的牆壁變得透明，正確路線清晰立體。

而且再怎麼說，要是你每天從早上十點到第二天早上兩三點都在做同一件事，做不出成果才難以置信。

不過，人生就是每當你以為可平坦走向前走時，往往就會一腳踏空掉進深淵裡，所以當這個星期過得格外順利時，我就開始感到不安。

踏入三月，距離公布業績的時限只剩下一個月，我們已經好久沒有試過在午夜前放工，連 Kay 都放棄了戴隱形眼鏡。

「早晨。」我一推開門就看到 Mandy。

「早，我下午會回去公司，這個早上是來告訴你們一些重要事情的。」她的眼圈泛紅，臉上的暗瘡一發不可收拾。

等到 Kay 和 Cerise 回來，Mandy 才拿出幾份詢證函和文件。

「今年其實 H 集團捲入了一宗官司當中，我們老闆和他們老闆開過好幾次會，現在總算定出了一個方向。」

「官司？」我完全沒有留意到，明明我們有安排公司查冊和訴訟調查，但我處理那幾間子公司並沒有顯示出訴訟的結果。

「牽涉到官司那幾間公司一直由我處理，所以你們不知道也不出奇，」Mandy 把詢證函給我：「這是律師給的回覆，你可以看一看。」

「這間公司，不是在深圳那一間嗎？」我接過詢證函，快速翻閱一次。

「沒錯，H 集團的老闆和一位生意夥伴就 WJ 這公司的擁有權起了糾紛，在七月之後 H 集團基本上已經失去了對 WJ 的控制。」Mandy 說。

「但我記得在大 con 裡還有 WJ 這公司的數據。」難怪今年我們沒有到 WJ 做現場審計，原來是控制權被搶了。

「所以會改數，」Mandy 稍頓：「大改。」

「不是吧。」Cerise 忍不住出聲，卻招來了 Mandy 的一瞪。

「那現在老闆們決定怎樣？」我問，既然改數已成事實，更重要的就是了解如何改法。

「以 WJ 為首，H 集團失去控制的公司共有十二間，客戶會重組架構，把這十二間公司變成一個新的集團，而根據律師的資料，現時要動用 WJ 的資金仍需要 H 集團和他們的生意夥伴雙方簽名，勉強可以當成是 joint venture[68]。」

「噢，所以不用 consol。」我在腦海中翻查關於合資公司的處理方法。

「最後兩個月不用，」Mandy 拿出另一份文件：「因為法庭的指令在十一月才生效。」

「所以頭十個月是 subsidiary，最後兩個月是 joint venture ？」Kay 說，臉上打著無數個問號，而 Cerise 明顯已經迷失在我們的對話中。

「沒錯。」Mandy 苦笑。

她在笑。

總覺得她在遇到這類難題的時候，就會散發異樣的光彩，撇除有點難相處之外，她其實是難得地真心熱愛審計的人。

「年中的控制權變動，Module A 最難做的題目呀。」我說，老實說面對這情況很想投降。

「沒有問題的，我會和 May 繼續研究處理方法，到時你們幫手砌 working 就可以了。」Mandy 說。

> 68. 根據一間公司對另一間公司的控制程度，會衍生出不同企業產權模式（forms of business ownership），例如，如果甲公司控制著乙公司，乙公司就是甲公司的子公司（subsidiary）；如果甲公司和丙公司共同控制著乙公司，乙公司就是它們的合資公司（joint venture）；如果甲公司對乙公司並沒有控制權，但能夠行使重大影響力，乙公司就是甲公司的聯營公司（associated company）；如果甲公司持有乙公司的股份但沒有重大影響力，乙公司就是甲公司的可供出售投資（available-for-sale investment）。不同的產權模式會有不同的會計條例和準則監管，處理手法也會隨之而不同。

之後她把那十二間公司的資料交給我們，然而知道自己上星期做的底稿需要徹底重做之後，內心總是戚戚然。

現在我們總算知道，那班佔用了純白會議室的人，就是一直在處理這宗官司。

「May 做好了新的大 con，你幫我對一次好嗎？」我跟 Cerise 說，她也放棄了戴隱形眼鏡。

「嗯嗯。」她回應。

「怎麼了，遇到困難？」我問，Kay 也用疑問的眼神看著我。

「不，只是……唉，還是算了。」

「要說就說啦，不要吞吞吐吐，這樣比你經常亂說話更討厭。」我看錶，反正差不多到晚飯時間。

「頂你。」Cerise 瞪著我，而 Kay 則在奸笑：「Mandy 呀，我懷疑她改過我的 working。」

「這很正常呀，你的 testing 她全部都有改過。」我想起一個月前的事。

「這個我知，但今次不同，昨晚你叫我們檢查一次自己的 working，要確保 tie 到最新的大 con，我檢查了，沒有問題，全部 tie 的。」Cerise 面紅耳赤：「但下午我跟伺服器同步，發現有 conflict，我當然是保留她的修改，你說對不對？」

「噢……」我大約猜到發生甚麼事。

「然後剛剛她 Q 我，問為甚麼會不 tie……我……」她哽咽。

「唉，別在意，下次有 conflict 也要小心檢查一次，雖然我覺得她改動別人的 working paper 前也應該說一聲。」我說。

「別哭別哭，我們去吃飯吧。」Kay 笑說，但我總覺得她在強顏歡笑。

「對呀，反正又有新的大 con，無論如何都要再做一次。」我說，不知這算不算是安慰。

晚飯過後回到只剩下我們三個的辦公室，重複做著不知道第幾次的工序，每改一次數，就要再做一次，哪怕只是改了一個項目，都有機會牽一髮動全身。

Mandy 和 May 解決了 WJ 那十二間公司由子公司轉為合資公司的影響，做法大致是先合併全年的數據，再用一條合併調整把最後兩個月發生的交易和帳目結餘抽走。

而我們的 consol notes，就只需要按這個方向更改。

「但 operating lease commitment 怎辦？這算是 profit and loss 嗎？」Cerise 問。

「不，這是指未來一年要交的租金，既然到年尾的時 WJ 已經不是 subsidiary，他們的 operating lease commitment 就不用考慮。」我說。

「那麼 related party transaction 是不是要分兩個時期？」

「呃，對呀，頭十個月是集團內交易沖銷，後兩月是關聯方交易要 disclosure。」

「咦，May 那條沖走 WJ 的合併調整沒有 breakdown，那我的 consol notes 怎辦？」

「我記得她之前有提供另一個詳細版的 WJ consolidated account，她的調整也是根據那個做出來的，對，早兩天那個。」

「這官司會引起 contingent liability[69] 嗎？我是否要加在 working paper 裡？」

「嗯，我想想，我記得在 legal letter 中律師說因為案件還在初步階段，難以估算影響的金額，我猜沒有 contingent liability，老闆或許會在 FS 中說明，但你的 working paper 應該不用加了。」

「你記得這個數是怎樣得出來的嗎？」

「這個是 WJ 今年和 H 集團的往來帳，記得要放到 amount due from joint venture，不要沖銷掉。」

「那麼固定資產變動怎辦？勾走年終結餘，但年中的折舊呢？」

「折舊要計十個月，然後加項『出售子公司』把成本和累計折舊勾走，小心看看和 May 做的調整有沒有出入。」

雖然知道答案是「頭十個月合併，尾兩個月用權益法」，但實際操作卻沒那麼簡單，理論與實踐之間的裂縫，往往是無底深淵。

而我們下班的時間，已經慢慢逼近凌晨三點。

69. 或然負債，根據 HKAS 37 的定義，當一間公司面對由過往事件產生的潛在義務，但該義務是否會在將來產生負債取決於不完全由企業控制的一個或數個不確定因素（例如涉及訴訟但官司仍在初步階段，公司是否需要賠償取決於將來的判決），面對這情況時，審計師就需要徵詢律師的意見，若能夠客觀地量化賠償金額，就應該在財務報告中披露。

順帶一提，HKAS 37 亦提出準備（provision）的概念，而 provision 是指由過往事件引起的現有義務，例如判決裁定公司需要賠償若干金額，那公司就需要當期確認負債。

又過了兩個星期,一切進入倒數階段,數字基本上已經定下來,財務報表的草稿已經送到老闆的手上,相信這幾天就會交給公司的技術部門覆核,最後要做的,也就只剩下清 Q 和等待公布業績那一刻。

感覺鬆懈了。

似乎最難捱的部分已經捱過了,我決定在這個天色灰暗的早上給自己泡一杯紅茶,卻在茶水間遇到拿著電話在哭的 Kay。

「發生甚麼事?」我問,一時間手足無措。

「之前我做 Flora 的另一個項目,有些資料客戶不肯提供要我自己做,但後來又說我做錯了。」

「不是吧?」這種客戶其實無處不在。

「Flora 叫我盡快處理,但我一打電話給客戶她就罵我⋯⋯」她已經說不下去。

「如果這邊的工作差不多完成就忙那邊的問題吧,有 Q 回來我都可以處理。」除了遞紙巾給她之外,我能夠做的就只有這樣。

待她冷靜下來回到房間,發現房間內的電話有一個未接來電,來電者竟然是 Mandy。

「你找我嗎?我剛才行開了。」我問。

「呀,對呀,關於 WJ 的,」她說得很快:「你手頭上應該沒有甚麼在忙對吧?」

「無錯。」突然有一種很壞的預感。

「其實是這樣的,WJ 被那個 Betty,即是 H 集團老闆的生意夥伴霸佔之後,其實在七月之後已經把 WJ 原本的人趕走了,所以其實七月之後是沒有會計紀錄的。」

「甚麼?」我不敢相信自己的耳朵:「那我們手中的大 con ?」

「他們向銀行取得七月之後的月結單,然後用現金記帳的方式做出來

的。」電話另一端的聲音略帶顫抖。

「吓……」

「事實上我們十一月有派同事去過 WJ，算是用七月前的資料做了半年的 testing，現在客戶也提供了他們用銀行月結單做的記帳，我稍後把所有東西給你，你看看能不能砌一系列完整的 working 出來。」

「……哦。」我想不到另一個回答方法。

「謝謝！FS 的 Q 我會處理，你認真幫我做這個，老闆似乎很緊張。」

「嗯，我試試。」

收到 WJ 會計部經理 Jasmine 做的現金記帳和管理報表後，我只是聯想到中學時讀過的 incomplete record：那種一場大火燒燬部分會計紀錄，只能靠著銀行月結單和會計比率推算出欠缺資料的題目。

但在課本以外的地方遇到這種情況，我只是哭笑不得。

銷售的金額是多少視乎賣了多少貨物，如今沒有存貨紀錄也沒有客戶紀錄，只有知道銀行收了多少錢，於是銷售金額是估算出來的。

購貨的情況比較好，始終貨源主要來自集團內的公司，可以逆向調查其他公司的關聯方交易，但到最後還是要瞎猜。

天殘地缺，老實說我有點佩服 Jasmine 竟然可以做到這個地步。

然而我拿著之前做的半年測試，加上所謂的「管理報表」，要如何變到一堆完整的底稿出來呢？

雖然 Mandy 後來說只需要處理一到十月的損益表項目，因為帳目結餘和最後兩個月發生的交易不需要合併在 H 集團的報表內，也就「隻眼開隻眼閉」，反正大家都心知肚明，七月之後的數字只是空中樓閣。

就算最後砌到底稿出來，那又有甚麼意義？

但這個問題，還是交給老闆們思考吧。

反正我做好了自己能夠做到的事，執好了測試，解釋了數據的變動，拆了 breakdown，能夠做出來的東西都已經做了。

這種破爛不堪的東西是否能夠成為審計證據這種深奧的問題，或許沒有回答的意義。

到最後，H 集團拖到差不多最後一天才公布業績，當時我已經 off schedule 了，好奇一看卻發現今年竟然給了 H 集團保留意見 [70]，而原因就是因為無法獲取 WJ 相關的資料。

「似乎我們公司還有一點道德底線。」我跟 Karen 說。

H 集團的 schedule 完結後，已經升了經理的 Cyrus 把我倆放在一個小型項目，說是要讓我們出情侶 job。

「那算他們還有點良知。」她說。

「但也就是說我當時砌的 working 已經變成垃圾了。」我說：「還有 DLS 那些，根本沒有人 review 過，突然間老闆就全部簽名了，連一條 Q 都沒有。」

「到頭來我們付出了努力，但還是沒有意義。」

「但起碼我找到我的目標。」

我打開一個新的 word 檔，開始記錄關於工作和生活點滴。

畢竟人生不應只有工作，時間應該花在真正值得的地方之上。

70. 審計意見分幾種：無修正意見（Unmodified Opinion），即是沒有發現重大問題，審計師認為整份報表各重要方面都是真實而公允（True and Fair）的呈現；當發現了問題時，則需考慮問題的原因和嚴重性，而原因有兩種，一是客戶在會計處理或財務報表披露方面和審計師的意見有出入、二是無法取得足夠的審計證據，面對這兩種原因引起的審計問題，如果該問題有重大而且深遠的影響，在第一個原因下會導致否定意見（Adverse Opinion），第二個原因則會不發表意見（Disclaimer of Opinion）；而若果發現的問題是影響重大但並不深遠，則會給予保留意見（Qualified Opinion）。

10/ 在客戶的期望面前，審計師的現實根本不值一提

二零一五的下半年，公司陷入了瘋狂，因為世界陷入瘋狂。

一股 IPO 的瘋狂。

賣錶的賣顏料的做工程的教芭蕾舞的鋪水管的送速遞的不懂會計記帳但幫人做會計記帳的回收垃圾的通通都要上市，不管是主板還是創業板，彷彿不上市就趕不上潮流。

IPO 是很好賺的項目，有位老闆亦曾經說過：「要不是我找那麼多 IPO 回來，我們這組一早就撐不住了。」

或許吧。

反正最撐的，一定是他們的銀包。

二零一五年的冬天無聲地結束，我去了一趟泰國，又做了一次 threshold 過千萬的 C 集團，通頂、凌晨、的士，重複著和去年一樣的生活。

到七月，當三三一[71] 的項目完滿結束，至少表面上完滿結束，大家便墮進了 IPO 的輪迴，幾乎人人有份，永不落空。

而我當然沒有例外，不過我的情況有點特別，因為今次項目是老朋友，R 集團。

第一個 peak season 做過的項目，後來卻因為所謂的人脈關係而不用再經手，那個做手機外殼和鍵盤塗料的 R 集團。

老實說，R 集團籌備上市已經有好幾年，只不過是不斷失敗，不斷補 stub[72]，不斷再失敗，再不斷補 stub，拖拖拉拉兩年，到今天又輾轉回我的手上。

71. 在香港，公司的年結日沒有硬性規定，但一般最常見的年結是十二月三十一日，簡稱一二三一，其次是三月三十一日，簡稱三三一，以及六月三十日，簡稱六三零。

72. 按照上市條例的規定，招股書日期不可以超過最近的已審計會計時期六個月，否則就需要做匯報期末段的審計（stub period audit），但做了一次 stub 之後，若然上市申請被拒絕而又過了六個月期限，則要再做半年的 stub，俗稱補 stub。

有時候回想起來，假若當初我沒有被調走，而是一直留在 R 集團，從他們還是私人公司一直做到他們成功上市，或許更加有成就感。

這樣的話，或許我就不會在網上寫作，或許也不會遇到生命中重要的另一半。

或許我會覺得做審計也不錯，然後一年、兩年、三年的繼續做下去。

或許人生根本沒有或許。

有的，只是現實。

R 集團的 IPO 因為拖太久卻一直失敗，據聞連審計費用都所剩無幾，早已變成了沒有人願意接手的爛攤子。

我不願意接手，但我沒有選擇。

鐵錚錚的 schedule 屹立不倒，到現在或多或少能體會到她們為何執著於權力。

想出的 job、想要的人、想放的假，有了權力，就能夠得到。

但世上沒有免費的東西，想要權力就要付出，沒有是否划算的討論空間，只有自己覺得值與不值的主觀判斷。

要是認為不值得為了那丁點權力而做牛做馬，偏要我行我素的話，遇上甚麼 schedule 也得硬食。

雖然，換取權力的方法，其實除了出賣色相，就只有出賣比其他人更多的時間。

到頭來，其實和硬食垃圾 schedule 沒有分別。

想通了，就可以欣然擁抱這個已經被玩爛了的老朋友。

同樣的坳背灣街，不同的心境。

即使兩年前做過 P 集團的 IPO 項目，但當時糊裡糊塗，到了今次才有一點做 IPO 的緊張感。

雖然，今次也只能敲響 IPO 這座城府的大門，畢竟我的 schedule 就只有兩星期，就算掛名做了第一個星期的負責人，也沒法探究這城府的每個角落。

人來人往的火炭，從火車站一直往前走，兩旁盡是工廠大廈，然而真正的工廠早已煙消雲散，剩下改變了用途的大廈。

例如辦公室。

R 集團的辦公室除了加裝了鐵閘和閉路電視之外，其餘的地方和兩年前一樣，據聞去年被爆竊，整個夾萬被人拖走了，只在地毯上留下了一道驚心動魄的痕跡。

如果不把財務總監馬先生計算在內的話，Mary 和 Doris 是 R 集團「唯二」的會計員工，她們只會負責日常的記帳工作以及製造管理報表，而負責合併報表的人就是馬先生，最奇妙的地方就是他永遠不會把他做的合併報表交給審計師，而是讓審計師自己做，他再檢查。

嗯，一個角色對調的概念。

到達 R 集團的辦公室，和馬先生打了聲招呼便去到安排給我們用的會議室，兩年前也是同一間會議室，當時我甚麼都不懂，現在我必須裝成甚麼都懂。

Schedule 開始的第一天，是個蟬鳴不絕的晴朗日子，雖然暫時只有我一人，但心情還是不錯。

「過兩天我會再安排同事幫手，今天你自己先過去吧。」Joyce 今天早上跟我說。

一個人出 job 很悶，很忙，但很自由。

雖說只有我一人，但其實深圳分所的同事也是今天開工，中國的公司就由他們負責。

「反正都七月了，順便做下年的 planning 吧，」Joyce 今天早上跟我說：「現在去補 stub，順便把 walkthrough 和 control testing 都做一做，那麼就不用再派人去。」

大概，這就是傳說中的成本效益。

「還有，馬先生說下星期要有 FS，你努力做吧。」Joyce 今天早上對我說。

所以當我去到 R 集團時，任務有幾個，首先要做 planning，之後要做 R 集團香港子公司的審計，大概還要處理深圳分所那邊的問題。

一個星期埋數，一個星期合併。

兩個星期的 schedule，一條確實的死線。

不過，世事哪有這麼完美。

「早晨，」會議室的門被打開，長得像狐狸的馬先生站在門前：「你叫 Timber 對吧？」

「沒錯。」我站起來，遞上卡片。

「我記得你有來過。」他拍拍自己的光頭。

「對呀，兩年前。」當時每天都被你耍得團團轉，別說你忘記了。

「呀，好像是，和 Eden 一起來的。」

「沒錯。」

「說回正題，今次做 stub 有幾點想你們注意。」

「嗯。」我回到座位，拿出筆記簿。

「首先是 deadline，我相信 Joyce 有跟你說，我希望下星期可以有報告在手。」

「她有這麼說過。」我沒有正面作出甚麼承諾。

「除此之外，我希望你們做一份行政費用和銷售費用的 breakdown。」

「咦，這兩樣也需要嗎？」

「需要放在招股書內，但你們之前幾次都亂做。」他打斷我的說話：「到聯交所要我們交出 breakdown 時才發現我的紀錄永遠對不到你們手上的數字。」

「這樣呀……」。

「同樣是下星期，把這個也做出來。」

「好的，我試試。」

「有甚麼問題再跟我說。」

我當然不會放過這個機會，把一張長長的清單塞給他，讓他去準備我需要的資料，然後我就可以開始另一項工作。

「早安。」我用 Skype 開了一個群組，邀請了負責中國子公司的現場負責人。

「早。」Tim 第一個回應，他負責深圳。

「親，早安。」Shirley 負責廣州。

「大家早安。」Paul 則負責常州和蘇州。

「今次主要和大家確認工作內容，按 Joyce 的指示，今次除了做 stub 之外，還要做來年年審的 planning。」

「所以 walkthrough 等等都要做嗎？」Tom 問，職級上他比我高兩級。

「對，另外 control testing 也請先做半年。」我回答。

「做 walkthrough 的意思是，收集 walkthrough 文件，還是連 system

notes 都要更新？」Paul 問。

「如果有地方要更新就請更新，例如內控程序變了、負責的人員名稱和職級之類。」我比較好奇他若是不更新 system notes 的話要如何確保手上的 walkthrough 是正確的。

「其實真的有必要三個地方都各自收集嗎？」Shirley 問。

「Joyce 說三個地方的內控程序略有不同，最好各自收集。」雖然我不認為有甚麼不同，但既然不是我做就算了。

「香港這邊我也要做一份。」我補充，以示公平。

「OK，還有其他要注意的地方嗎？」Tom 問。

「剛剛馬先生希望我們準備行政和銷售費用的 breakdown，雖說合併是我們這邊負責，但希望你們確保 working 中也有仔細的 breakdown。」我說。

「Breakdown 在 leadsheet 中就有呀。」Paul 說。

「我知道，我等一下會把去年的合併模板發給你們，請看看和你們手中 working 的 breakdown 有沒有出入。」我回應。

「明白。」他們回應。

除此之外也沒有特別的事項要交待，畢竟我的職級其實是最低，也不好意思給太多指令。

到下午，他們三人都信誓旦旦地說手中的底稿和合併時候用的模板中的 breakdown 是一樣的，有他們的背書我就不再深究馬先生所說的「去年都是亂做」到底是甚麼意思。

放下了其中一塊心頭大石，就可以專心做香港部分的 planning。

R 集團日常營運所產生的證明文件都安靜地躺在會議室的角落，餘下的工序就是逐張寫上編號，一環一環地刻劃出內控程序的全貌。

例如銷售，若第一步是銷售部門收到客戶的報價單，這報價單就是銷售的內控程序起點。

當這報價單經過審批，輾轉送到生產部、倉庫、品質監制、運輸、最後落到會計部門手中，中途就會產生不同的文件，而各份文件都會留下彼此交錯的痕跡。

報價單的編號會出現在生產訂單上。

生產訂單上需要的產品型號會出現在倉庫清單上。

倉庫清單的存貨編號又會出現在發貨單上。

發貨單的資料會印成發票。

發票支撐著憑證。

透過這些文件從頭到尾經歷一次內部控制程序，就是 walkthrough 背後的精神。

「八點前。」馬先生推開門，指一指手錶。

「哦，知道。」還有一個多小時，真是善意的提示。

「另外問你一個問題，」他依在門邊：「怎麼只有你一個？」

「呃，過幾天會有其他同事過來，放心。」我猜應該有的。

「最好是這樣。」馬先生打量著我。

氣氛很尷尬，我只好低下頭抄抄寫寫。

原子筆的筆尖，熒光筆的墨水，紙張的缺角，一張接著一張。

窗外日光漸褪，眼前的文件小山亦漸漸變成可以上繳的 walkthrough。

大概過多一天就可以做完吧？

然後我收到一封令人振奮的電郵，只是沒想到一個令人欲哭無淚的消息

也緊隨其後。

令人振奮的是 Joyce 說到做到，過兩天有兩個人會來幫手，一個是我的同期同事 Kris，一個是高我們一級的 Alan，多了兩個人自然是令人振奮。

但多了兩個人的代價是，下星期四之前就要交第一轉的報告草稿給老闆覆核，這樣才來得及過公司技術部門，然後在下星期完結前交給馬先生。

一定，肯定，絕對是剛才 Joyce 又再確認了交貨給馬先生的日期，他才會質疑為何我只有一人。

不過真正令人欲哭無淚的，不是這個。

「早安。」我一回到辦公室，就看到 Alan。

「呀，早。」他頭髮凌亂，雙目無神：「進度不錯吧？」

今天是星期三，walkthrough 早已經完成，打算今天把剩下來的工序完成。

我如實告訴他。

「這樣呀，好呀。」他沒有多說話：「我先研究一下大 con，要自己做，有點 wok。」

他說話總是慢慢的，一字一字吐出來。

不久後 Kris 也到達，三個大男人坐在不算大的房間裡，感覺有點侷促。

「那我們現在要做甚麼？」Kris 問。

「問他，他是 AIC，我是路過的。」Alan 指著我，的確他只有這三天 schedule。

「嗯，按 Joyce 的說法，下星期四要交給老闆，即是星期三要先給她。」我邊說邊找出早兩天的電郵。

「所以星期三前做完 company level 加 consol？不太可能吧？」Alan 說。

「不，是星期二。」我看著剛剛收到電郵。

「星期二？」Kris 額角冒汗。

「星期二？」Alan 放下手提電話：「雖然，consol 與我無關，但為甚麼呢？」

「剛收到 Cyrus 的電郵，他說給 Joyce 前他幫忙看一下。」我回覆電郵時順便抄送他倆。

「但他會幫手對吧？」Kris 問。

「嗯，星期一過來。」

「五天起貨，高手高手。」Alan 雙手抱拳。

「七天，」我說：「他們肯定把星期六日都算進去。」

不過真正令人欲哭無淚的，還不是這個。

星期四的早上，帶著在路上買的早餐又回到辦公室，一推開門就看到 Alan 的背影。

「大事不妙呀。」他看到我。

「甚麼事？」我放下早餐。

「差不多所有公司的 retained 都不夾呀。」他苦笑。

「不會吧，」我拿出熱奶茶：「反正都是去年的調整問題？」

夾累計利潤來來去去都是那幾招，一定是先從去年做過的調整入手。

「對呀，但每一間都要夾，就很麻煩。」他攤開雙手。

「你可以的啦。」我鼓勵他。

「我只有這幾天 schedule，Joyce 叫我做好兩份大 con，怎麼做？」

「哈哈，中國的 fieldwork 才剛始，馬上就要做 consol。」

「我現在先用未審計的數做一次，你們之後再把調整加進去吧。」他說：「雖然我還在夾 retained。」

「除了做 R 集團本身的 consol，我們還要做 M 集團的 consol，但只給了我們七天。」我開啟電腦：「看來今晚開始要 OT 了。」

M 集團是 R 集團唯一的聯營公司，以「應佔溢利」的形式貢獻了近四成的利潤。

「這樣吧，你負責做 R 集團的香港子公司，M 集團就交給 Kris 吧。」他說。

「好呀，沒有問題。」Kris 剛放下背包。

「有幾間公司的 retained 我已經夾好了，你們可以先做那幾間。」

「OK，」我看著突然閃出來的 Skype：「哇，＿！」

「甚麼事？」

「Joyce 說要再早一天把財務報表給她，她說先做完 leadsheet 和完成 consol notes，把所有 testing 留到下星期，她再安排人過來做。」

「什麼？所以星期一就要完成？」Kris 驚訝地說。

而 Alan 只是拍一拍我的肩膀，說了一聲加油。

還好，香港子公司的業務簡單，只需要做 leadsheet 的話也不算太難。

實際上要做的就只是拆 breakdown 和把十二三一時寫的變動解釋變成六三零，改日期、改金額，反正要是增加減少方向一樣，內容就不改也罷。

午飯草草在附近的餐廳解決後又回到那狹小的會議室。

「你們，把現在做了的調整給我。」馬先生突然把門推開：「我先看一次。」

「但今天才星期四……」Alan 說。

「我不知道你們的進度，但中國那幾間應該差不多要完成了吧？」馬先

生笑著說：「Joyce 跟我說中國部分這星期會完成的。」

「哦，」Alan 看著我：「待會給你。」

「謝謝。」馬先生輕輕把門帶上。

「哇，這麼『捽』。」Kris 說。

「你看看中國那堆公司有沒有調整，再發給他吧。」Alan 看著我說。

「OK。」

然後，真正叫人欲哭無淚的事情就發生。

日落黃昏，一天又悄然過去。

「你，過一過來。」馬先生又突然推開門，把我叫過去。

「哦，好的，請稍等。」我收拾電腦和簡單的文具。

想起兩年前第一次走進他的房間，問他關於測試中找到的可疑單據，然後不到一分鐘就被他耍走的往事。

「馬先生。」我輕敲門。

「請坐。」他指著對面的座位。

他的書桌放滿文件，其中有幾份就是我剛才發給他、現在變成 A5 大小寫滿筆記的調整總結。

「找我有甚麼事嗎？」我把電腦放在膝上，電子時鐘顯示著十八點二十三分。

「關於調整，我很快的看了一次，想和你討論。」他拿起其中一份總結。

「好的。」我拿起紙筆，嘗試凝聚氣勢。

「首先，R 深圳，沒有甚麼問題，基本上我們會跟著調整。」

「好的。」

「之後，R 廣州，這幾條我們會跟，」他用鉛筆在總結上劃了幾劃：「但這一條，甚麼來的？」

「我看看，嗯，這條 opening adjustment 用來夾 retained earnings 的。」我看著那調整，把我知道的資料說出來。

「我知道，」他笑說：「我想知道為甚麼要調整這幾個帳目。」

「這個……」我氣勢潰散。

「你不用現在答我，你回去研究，明天告訴我。」

「好的。」

「另外，R 常州，這額外的壞帳撥備我們是不會做的。」

「但這個應該是按照六月時過長的帳齡……」

「我知道，但那筆錢七月頭時已經收到了，你現在做撥備到年尾時我又沖回不是多此一舉嗎？我明天叫 Mary 把收款證明給你吧。」

「好的。」

「最後，這條不做了。」

「但這是負數的其他應收，應該調到其他應付。」

「我知道，但二千人民幣也要做？我們的 threshold 沒那麼少吧？」

「嗯，好的，只做大額那些吧。」

「當然啦，你們動完我的應收應付之後，我手上的帳齡和 breakdown 又要由頭再做，你知道多麻煩嗎？」

「明白。」

「明白就好。」

唉。

無奈歸無奈，工作還是要繼續。

把哪些調整可以過哪些不可以過告訴他們之後，又可以繼續工作。

雖然剛才臨走時馬先生也是指著他的手錶吐出兩個字：「八點。」

還有一個小時。

還是先研究 R 廣州那條期初調整吧，本來想問 Shirley，但她似乎已經放工了，看來中國那邊比香港還要早趕人走。

無人可問唯有自己研究，打開 R 廣州的底稿，那一條肯定是用來夾累計利潤的調整，亦即是去年審計師做了調整，但客戶沒有做同樣的調整，所以雙方的資料就會有入出。

到今年審計師就要再做一次去年的調整，才能令客戶今年的期初數據對到去年的已審核數據。

「真的有點怪。」我喃喃自語。

今年的期初調整動了的帳目，其中一個是累計利潤，而另一隻腳則是其他應付。

馬先生的問題是「為甚麼調整那幾個帳目」。

調整累計利潤不會錯，因為不調整就夾不到。

所以馬先生的問題是為甚麼另一隻腳入在其他應付。

「搞笑嗎？去年調了甚麼今年就調甚麼呀。」我繼續自言自語，順便打開去年的底稿，卻發現去年根本沒有這一條調整。

我瞪大眼睛，把去年的調整總結看了一遍又一遍，就是沒有發現任何和其他應付有關的調整。

我深呼吸，不斷思考。

思考，再思考，但想不到。

時鐘顯示晚上八點，馬先生敲響房門，Kris 愉快的收拾行裝，Alan 愁眉苦臉。

「那怎辦？」Karen 問。

我約了她晚餐，我遇到的問題成為了晚餐的話題。

「不知道，今晚回去再研究。」我說。

「好吧，我回去也要工作了。」她說。

她也在做 IPO，情況比我還要嚴峻。

「也不要太晚睡。」我說。

「盡量吧，那個大叔完全不理解我們想要甚麼。」她說。

Karen 說的大叔是客戶的會計經理，是個會在辦公室上援交網站的傳奇人物。

「他的調整完全是亂做的，數又亂入，現在連他們的貨源到底是哪裡都不清楚，很可能是水貨賊贓當是正貨賣。」

「亂入調整嗎？」我好像想到些甚麼。

週末將至，卻完全無法興奮起來，因為明天，甚至是後天都很肯定要工作。

「早安 Shirley，有條關於 R 廣州的調整想跟你確認。」我輸入。

「好的，有甚麼問題嗎？」一分鐘後她回應。

「關於第四條的期初調整，我猜應該是有點問題。」

昨晚從頭研究過去年的調整，才發現了其中一條帶到今年變成期初調整時，金額不同了。而那個該死的差異，就變成了今年的第四條「期初調整」。

「噢，那應該是沒錯的，」她迅速回應：「必須有這一條 retained earnings 才會平。」

「因為我發現第二條期初調整的金額和去年不一樣。」我一字一字的輸入。

「是嗎？難怪會有問題，我還在想為甚麼 retained earnings 會不平，所以調整在其他應付裡頭，哈哈。」她回覆。

還哈哈呢。

「那可以盡快修改嗎？」

「沒問題的。」

「謝謝。」

「甭客氣。」

當亂做調整的人就是負責核數的人，這當中隱含了甚麼警示和控訴我不知道，我只知道很大機會我又要捱罵了。

一天很長，有二十四小時。

一天很短，能工作的時間不多。

這個星期六的早上八點四十五分，我拿著麵包和咖啡回到公司。

畢竟今天就要把合併做好，才能趕得及在星期一讓 Cyrus 起草招股書中的會計師報告，然後星期二過 Joyce 星期三過老闆星期四過技術部門最後星期五給馬先生。

昨天處理好調整和累計利潤的問題，Alan 已經開始做大 con，我和 Kris 也分別完成 R 集團和 M 集團香港公司的 leadsheet，便可以開始做 consol notes。

所有的，consol notes。

多嗎？還好 R 集團子公司不多。

少嗎？再少報表上也有十多項要披露的資料。

但多與少，結論都是要做，而為了保住星期日這唯一的假期，今天內必須完成。

先易後難，我先從比較簡單的 notes，例如存貨、應收應付、銀行借款甚至固定資產變動等等開始做，在經過 H 集團和 C 集團的輪迴洗禮之後，這類型只需要複製貼上的 notes 已經變得毫無難度可言，還未到中午已經差不多完成。

「各位同學，這邊是稱為豬肉枱的辦公地方，我們的同事平時就在這裡工作。」

身後的走廊突然傳來一陣吵鬧，沒想星期六都有公司導賞團。

「不過到了星期六就沒有人工作的了。」她說：「所以也沒有傳聞那樣可怕的。」

帶隊的大概是人力資源部的人吧，怎可以用這種方法欺騙學生呢？

「有人呀，無論星期幾、甚麼時間公司都有人的呀。」我趁他們走近時高聲說。

領隊的人只好尷尬地笑著叫團友快點走，而那班學生模樣的人則在竊竊私語。

氣氛好像有點傷感。

「剛剛有學生團來參觀公司。」午餐時，我吃著焗豬扒飯。

「只有白痴才會做審計呀。」Karen 也回來公司加班。

「還好啦，我們都是白痴。」我笑說。

「吃飯啦還傻笑。」

吃完飯開始做比較高難度和麻煩的 notes，例如檢查關聯方交易和結餘的總結。

集團內公司的交易和結餘只不過是左手交右手，在合併時會抵銷，至於其他與關聯方例如聯營公司和合資公司之間的交易則要披露。

接下來是分類資料披露、七仔、利得稅等等。

還是那一句，還好子公司的數量不多，再麻煩的東西都變得沒那麼麻煩。

當遊歷過其他更複雜的迷宮再回到這座當初幾乎把自己困死的迷宮，就不禁想回到過去鼓勵一下當時那個甚麼都覺得是天大問題的自己。

從早上未到九點一直做到晚上十一點，總算在一天內完成任務。

七月的早上氣溫不高，但足夠讓人流汗。

襯衣的衣領沾著汗水，乾了又濕，濕了又乾，清洗過數十遍之後變成泛黃的汗印，見證了時日的流逝和洗衣液的不濟。

同樣的辦公室，或許是最後一個星期踏足。

「早晨。」我推開門，看到 Cyrus 龐大的身軀。

「早晨。」他笑說。

放下背包，拿出電腦，開啟電源，沉默。

只有呼吸聲的空間，令人焦躁。

「你做完了 R 集團的 consol notes ？」他問。

「對呀，早兩天做完。」我點頭。

「嗯，昨晚 sync 了一次，見到你已經簽了名。」他總是微笑著。

「你今天要用嘛，會計師報告就交給你啦。」我也笑著說。

「沒問題啦,都做了那麼多次。」

會計師報告是招股書中由審計師主要負責的部分,姑且可以當成是一般的財務報表,不過有三年的數,以及更多披露資料罷了。

「我還要拆 breakdown 給馬先生。」

「哦,支出那些,小心點拆,因為要放在書裡,到時圈數圈 [73] 不到就麻煩。」

73. 招股書上除了會計師報告(Accountant's Report,簡稱 A.R.)外,在其他部分都在所難免地會出現不同的數字,審計師就要負責把招股書上有經過審計的數字圈起來,而一般審計師只會圈四類型的數:A.R. 上的數字、利用 A.R. 中的資料計算出來的數字、客戶 TB 中的數字、利用客戶 TB 計算出來的數字。

「嗯,知道。」我支吾以對,因為星期六那天其實發現了不少問題。

例如固定資產變動中的折舊,理論上會等同生產成本、行政費用、銷售費用中折舊的總和。但實際上卻有差異。

又例如集團內子公司的交易,R 深圳賣貨給 R 廣州,在兩間公司中應該要有相同金額、一邊買貨一邊賣貨的紀錄。但實際上未必齊全,金額又有出入。

這些問題可以暫時掩飾,但終究要解決。

這個星期有另一位 senior 頂替了 Alan 的位置,又有 Cyrus 這個經理坐陣,我總算可以卸下現場負責人這個擔子,專心做好手上的工作,以及叫深圳分所的同事做好他們手上的工作。

至少,確保底稿中應該 tie 到的數字都要 tie 到。

「Timber,過一過來。」馬先生敲響房門,房內的人立刻把視線放在我身上。

「好的。」我收拾東西,跟著馬先生走入他的辦公室。

「我看了支出的 breakdown,有些地方想問清楚。」他攤出兩張 A5 表格。

再三叮囑深圳分所的同事之後花了一個下午，才把馬先生想要的支出 breakdown 完成，沒想到他這麼快看完。

「這裡，這裡，還有這裡，」他用鉛筆圈了幾個數字：「似乎有點問題。」

「咦，我是按他們的 working 來拆的。」

「那就可能是他們做錯了喔。」他微笑。

「我再檢查一遍。」

「另外我見 Cyrus 來了，那麼 consol 是完成了嗎？」

「怎可能這麼快。」我維持著微笑。

「哈哈，問問而已，總之就是這星期。」

離開了他的辦公室，回到自己的工作空間，breakdown 拆了又有問題，有問題又再拆。

有時是底稿本身有問題，有時是加減公式有問題，有時是調整有問題。

同時間，還要處理手上不同的 consol notes。

當中國現場審計的同事說有地方要更新，合併報表就要改。

然後每一張 note 都要改。

當合併過程中發現了有地方要調整，合併報表自然要改。

然後每一張 note 又要改。

來來回回，日出日落，經歷了好幾個自己回公司執手尾的晚上，老闆終於在星期三覆核了一次會計師報告，接下來的就是清 Q、清 Q，和清 Q 的日子。

「這個應付帳款的帳齡有問題，」Cyrus 把一頁報表遞給我：「七仔中的債務流動性風險雖然類似普通帳齡，但其實不同的。」

「噢，不好意思，我沒留意。」我接過報表，看到老闆手寫的問題。

「因為七仔針對契約和合同列明的未來現金流，應付帳款背後的合同就是發票。」

「因為不會有發票寫明讓你半年後才找數，所以流動性風險就不應該出現半年後才需要償還的債務。」我說。

「沒錯，」他笑說：「當然客戶不找數是另一回事。」

「OK，我改一改這部分。」

其他的問題離不開為甚麼支出變多了？

為甚麼經營租賃承諾，即是未來的租金變多了？

為甚麼兩年前的購買土地按金還沒有用掉？

諸如此類，結果之前馬先生吩咐拆的 breakdown 大派用場，支出的變動可以逐年逐間公司逐個項目解釋。

反正世上沒有清不了的 Q，只有放棄清 Q 的人。

風雨飄搖的七月踏入尾聲，R 集團的會計師報告已經交到馬先生的手上。

接下來要發生的事，已經與我無關。

我的責任不過是完成這一次的 stub audit，和協助 Cyrus 處理會計師報告。

按照程序，接下來就會把招股書的草稿連同申請上市的表格送到聯交所，聯交所的專家審核之後會出 Q，而審計師、律師、保薦人和客戶等等就要清 Q。

小心謹慎的聯交所大約會出三到四轉的 Q，好運的話，就能夠申請成功。

但這些都不關我事，當 R 集團正式在主板上市時，我已經忙著做另一個項目。

　　雖然記得當時 R 集團最近一年的利潤不夠規定的二千萬港元，但或許是老闆和客戶聯合施展了一些合法的魔法，令到三年的利潤最終能夠通過測試。

　　又或許只是我記錯了。

11/ 能夠做回自己，
其實是困難但幸福的事

下午六點，走在悶熱的街道上，感覺有點陌生。

尤其當加班變得理所當然，「準時放工」四字漸漸變成令人內心刺痛的笑話。

有些人就算手上沒有需要馬上完成的工作都喜歡留在公司。

因為怕。

怕被人說自己遊手好閒。

怕被人認為自己不勤力。

怕最後影響年終考績。

「哈哈。」想到這裡，我不禁在街上笑了出來。

我手上還拿著一串咖哩魚蛋。

畢竟下午六點，似乎是一個很適合一邊吃魚蛋一邊慢步走向巴士站的時間。

不在乎考績的代價是人工沒有別人那麼高。

不在乎考績的得益是可以在公司裡做回自己。

做完手上的工作就放工，看到沒特別交情的老闆，也不刻意笑面迎人，學會不在意別人的評價，大概算是成長的一個面向。

犧牲每個月幾百，或許幾千蚊的人工，換一個沒那麼 wok 的生活以及拾回少許尊嚴，我覺得值得。

至少到現在，我都覺得值得。

　　離開了 R 集團的籌備上市項目，我便著手做一隻小型項目的負責人，這個客戶在香港只有兩間公司，是一間英國大學在香港設立的辦事處。

　　這公司負責替學校宣傳和收生，以及定期舉辦進修課程。

　　今次的工作簡單到令人有種渡假的感覺，所以我選擇了早一點上班，然後每天六點就讓自己放工，過一個星期正常打工仔的生活，調劑一下。

　　不過，再簡單的項目，都總會有少許奇怪的地方。

　　或者說白一點，就是飛機位。

　　例如這客戶有一項延遞收入，記錄未開學但已經收取學費的課程。

　　由於欠別人教育服務，在開學前不可以確認為收入，而審核的方法就是做測試。

　　利用去年延遞收入的餘額，加今年未開學但已收的學費，減今年已開學可以確認的收入，就等於年末的結餘。

　　於是我們就可以針對「今年收的錢」和「今年確認的收入」這兩項變動進行抽樣測試，而做測試，就要計抽樣數量；計抽樣數量，就要知道測試對象的總數。

　　對於這類型針對全年變動的測試，放飛機的方法就是直接減少測試對象的總數。

　　就像去年那樣。

　　「我們檢查過，去年收的學費不可能這麼少。」會計部的 Ricky 撥一撥他額前的瀏海。

　　「噢，這樣呀。」我看著 Connie，她是負責做測試的人。

　　「好的，謝謝你。」她說。

　　「所以，去年……」等 Ricky 離開了，Connie 尷尬地說。

「呃，可能放飛機了。」

早兩天 Connie 發現今年的抽樣數量比去年多了幾倍，因為今年延遞收入兩個變動的總數都比去年多了十多倍。

準確一點的說法，是比去年我們的底稿中，用來計算抽樣數量的金額多了十多倍。

遇上這種情況，我們自然不會假設是有同事做了手腳，在測試上記錄了假的數據，所以第一件要做的事，就是詢問客戶。

然後就知道去年多數是放了飛機。

「因為這 testing 不是針對帳目結餘，也不是交易總額，而是一個帳目中的全年總變動，沒有 GL 是不會知道的，」我說：「換句話說這個 population 你寫多少都可以。」

「欸，那怎辦？」她迷茫。

「你決定啦，真做，做多幾倍的抽樣，或是假做，我不會知道的。」

道德判斷，就交由當時人去做，我已經厭倦了思考放飛機是否正確這類的問題。

「那麼我真做好了，反正也不是真的多很多。」她整理放在地上的憑證。

「你喜歡啦。」

反正真做，還是假做結果都是一樣，不過我沒有把這句話說出口。

兩星期的 schedule 完結後，我把兩份財務報表草稿和 manual file 放在經理的案頭，在天黑前便悄悄地離開。

三年前覺得要捱三年很辛苦。

三年後回望卻又覺得過得很快。

密不透風的 schedule 不讓人有喘息的空間，一個項目疊著另一個項目，

彷彿不把員工的時間用到最盡公司就會馬上倒閉。

而最可怕的，是過著這種忙碌的生活，日子一個不留神就過去了。

八月份，是六三零項目的檔期，一家不務正業的 O 集團，靠著中國的醫藥業務和香港的放債收租炒股票養活了一班人。

這個項目只有 OT，卻沒有 OT 鐘可以篤。

不知道是哪裡生出來的勇氣，即使這是屬於勢力份子們的項目，我都索性準時放工，能夠做完的就做，做不完的就算了。

反正我也不想再和這一個項目扯上任何關係，偶爾在某些項目中表現得差一點，也算是策略的一種，雖然到了下年我還是要回到 O 集團的辦公室，為他們的合併報表奮鬥到早上四點。

然後轉眼到了十月，Karen 決定辭職了。

人來人往的地鐵站，我們總是拖著疲憊的身軀，連晚餐到底要吃甚麼都不想思考。

每一天用腦的時間太長，每一天，都很累。

即使到了假期，也只想躺在床上，徹底放空。

如果不用工作的話。

所以對於她的決定我一點都不意外，甚至，連我自己都想早一點離開。

如果當初我找到合適的工作，這個故事到這裡就會完結。

可惜。

找工作的過程不斷失敗，對一個只有三年經驗，連會計師牌都未拿到手的人來說選擇並不多，結果就只好再做一年。

或許有些挑戰是命中注定，在讓你知道自己應該走怎樣的路之前，就要先讓你狠狠摔一跤，不過那是後話了。

十月份的天氣還未來得及轉涼，西裝像一套沉重的枷鎖，讓人喘不過氣。

下半年除了要忙三三一那堆公司的中期業績報告，最重要的當然是等待升職通告。

又一年了。

本來以為自己心如止水，口裡說著不介意人工多少，但實際上又怎可能不介意。

尤其是看著一群靠擦鞋靠假裝自己很忙每晚留在公司吹水的人都可以得到高人工，不介意才怪。

公司的年終考績很單純，選四隻做過的項目，就不同的範疇給自己評分，然後AIC和MIC就會審批，所以說穿了，就是讓上面的人給自己打分數。

四個評分，決定一年的人工和工作量。

以前不好意思給自己高分，以為自己的努力別人會看在眼裡，結果三年都是以平均分畢業，拿的人工也只是平均的水平。

所以今年我決定給自己高分一點，上面的人要壓價就隨便壓，但開天殺價落地還錢，反正，都最後一年了。

給我多少人工，都改變不了。

結果，總算在頂、高、小高、中、低，五個級別的人工裡拿了一個小高。

在公司裡收到HR的電郵，暗自高興了十五分鐘，又要回到工作。

算是對自己有個交代。

已經數不清第幾次回到C集團的辦公室，做planning，之後是年審，之後是中期業績，之後planning又開始，又年審，又中期業績。

像一個無法掙脫的輪迴。

其他應收其他應付的其他要注意金額，不可太大之餘不可太奇怪。

應收帳款的帳齡要留意有沒有足夠的壞帳撥備。

銀行貸款要知道是否有即時償還條款，有的話就只能放短期債務。

固定資產變動的折舊要等同年度溢利中的資料，而透過收購業務所增加的資產要等同收購業務中的披露的總和。

投資物業的公允值變動要考慮延遞稅項的影響。

供出售投資的公允值變動則要放在儲備，等待出售的一刻才沖走。

現金流中的匯率影響老闆們其實心裡有數，其他的項目就能夠隨意搬弄。

……

做了一遍又一遍，熟悉的步驟和環節不斷重複，總覺得，好像在浪費時間。

完成了 C 集團的中期業績報告，Karen 也正式離開公司展開新的人生。

放了一個不長不短的假期，應徵了一些新工，面了幾次試，不過最後都沒有回音。

轉眼間二零一五年已經進入尾聲，十二月又參與另一隻準備在創業板上市的項目，新客戶，要做兩年的數。

但似乎因為這公司的數實在爛得離奇，業務繁多雜亂偏偏會計紀錄錯漏百出，最後和 Karen 之前做的 IPO 一樣，胎死腹中。

算是對公司的道德底線有了一番新的體會，真正重要的東西老闆們不致於會亂做，畢竟「爆煲」的話坐監的人就是他們。

除夕倒數的熱鬧已經不關我的事，人生似乎只剩下揮之不去的疲倦。

一五年的最後一天去了 H 集團的東莞廠房 stocktake，在倉庫中走來走

去，成衣布匹輔料逐一點算，始終我接受不了那種拿了存貨清單就算是完成了 stocktake 的做法。

反正隨便點一下貨，一天又過去。

新年的指定動作是到泰國做 W 集團的預審，第一天的 stocktake 仍舊一塌糊塗，只是沒有再遇到蛇了。

手舞足蹈地和泰國的員工溝通，這幾年間除了學會「你好」和「謝謝」之外還是一個單字都聽不懂，即使他們每次都是用力地跟我說泰文。

回到香港，先到賣鋼材的 B 集團幫忙一個星期，然後，我患了腸胃炎。

瘋狂的肚瀉，有節奏的、每天四五次的肚瀉。

好像這半年來不斷被一些小病纏身，喉嚨沒有不痛的日子，咳嗽沒有停止，兩三個月一次的腸胃炎，偶爾發燒，偶爾鼻敏感發作，只是未死而已。

大概，是身體壞掉了。

但還有一年，無論如何，還是要撐下去。

而且我已經決定了，做完這一年，至少，要讓自己放半年的假。

認真地，思考自己以後的人生應該如何走下去。

12/ 當無人能夠分出真假，就再沒有所謂的真假

潮濕和寒冷，大概是世上最討厭的氣候組合。

今年的 peak season 正是從這種天氣展開。

深圳某幢剛落成的「金融中心」有許多空置的辦公室，或許掛著門牌，或許貼著結業告示，或許直接空置。

H 集團的其中幾間子公司，就在這大廈裡租用了新的辦公室，畢竟原來的辦公室被人霸佔了，總要找個地方工作。

沒錯，就是那十二間涉及擁有權糾紛的子公司。

事隔一年，當時還未解決的問題總算要來個了斷。

「叮噹。」我按下門鐘，接待處的小哥解除門鎖。

「你好，我想找財務部的羅經理。」我拿出員工證。

「請等等。」他推一推眼鏡瞄了我的員工證一眼，然後按下一組內線號碼。

「你可以上去了。」十多秒後，他放下電話。

「謝謝。」我提著行李箱，走向樓梯。

辦公室共有兩層，由室內的樓梯連接，是香港很少見的設計。

「哎呀，辛苦你啦。」我才踏進二樓便聽到一把熟悉的聲音。

「早安，羅經理。」我點頭。

羅經理，也就是 Jasmine，在牽涉到官司的十二間公司中，其中有兩間中國公司都是她的負責範圍。

這兩間公司分別是 WJ 和 SZT，負責深圳和廣州等地區的零售業務，透過和商場合作，設立專櫃來建立銷售渠道。

原本他們在深圳有自己的辦公室，不過，在去年被 H 集團老闆的生意夥伴 Betty 霸佔了，為漫長的擁有權爭奪戰拉開序幕。

而官司亦閹割了 H 集團在南中國的零售能力，於是在去年年中，他們決定成立一間新的公司，DLY，來重振聲威。

這個星期三的早上，我就站在他們新的辦公室內，準備接過這爛攤子。

「只有你嗎？」羅經理將我的行李箱放在一旁。

「還有另一位同事在路上。」因為溝通的問題，今年的新同事 Tom 沒有和我一起出發。

「好的，所以是兩個人對吧？」

「沒錯，只有兩個人。」

「那就請你們屈就一下，先坐在這邊吧，請不要介意。」她指著辦公室的角落，有兩張沒有人用的辦公桌。

「沒問題。」我笑說，看著那位置後面的胖子。

他雙腿架在桌上，一手拿著電話一手不斷把威化餅塞進口中，而他身後的櫃裡則放滿了一包包的威化餅。

「你有 U 盤嗎？我先把資料傳給你。」她口中的 U 盤，就是俗稱手指的 USB。

我放下背包，把手指交給羅經理之後便開啟電腦，而腦中則盤算著這兩星期要完成的工作。

就在兩天前，當我開始 H 集團的項目時，Mandy 已經簡介過我的任務。

去年因為 H 集團無法提供 WJ 和 SZT 等十二間公司的資料，最終公司決定給他們的報表保留意見，然而到了一五年的十月，法院有了新的裁決：

「撤銷去年的法庭命令，WJ 等公司的資金不再需要 Betty 和 H 集團聯

署才能動用，而公司印章等物件亦要歸還給 H 集團。」

站在 H 集團的角度，就等於奪回這十二間公司的控制權。

站在 H 集團項目老闆的角度，奪回控制權即是能夠提供去年無法提供的資料，而去年構成保留意見的問題亦不復存在。

於是老闆今次的命令很簡單，就是把 WJ 和 SZT 這兩年的帳目執得整整齊齊。

順帶一提，Mandy、Daisy、Bob 等人已經升為經理，名義上我今次已經是項目負責人，雖然在背後發號施令的人仍舊是 Mandy 和 Flora。

兩星期，三間公司，一新兩舊，就是任務內容。

「所以你幫我完成所有 testing 就可以了。」Tom 在午飯前到達，我向他簡介了現時的處境。

「哦，好的。」他點頭。

「你自己分配時間，因為你下星期還要去東莞。」

今年我不用去東莞 DLS，改由另一位 senior 和 Tom 在下星期做現場審計，結果 Tom 待在深圳的日子就只有這星期剩下的三天，和再下一個星期的頭兩天。

所以精準一點說，今次的任務內容是兩個星期，一點五個人，三間公司，兩年數。

這種任務算是高難度嗎？

未算，至少在今天，我還未發現這任務真正的難度。

幾乎整個星期都在下雨。

有時是令人看不到前路的滂沱大雨，有時則是令人不小心滑倒的毛毛細雨。

「我想我們可以淘寶。」Tom 說,我們正在酒店接待處登記。

「哦,好呀,反正有兩個多星期都在這裡。」

電梯大堂燈光陰暗,加上外面的寒風驟雨,令人有種不祥的預兆。

「今天下午不是叫你找附近有甚麼吃的嗎,找到沒有?」我說。

「找到啦,不過要搭幾個站地鐵才有商場。」

「好,回去休息一會就出發。」

酒店房間的燈光總是富有情調的暗淡,適合調情,但不適合工作。

放下行李,換上輕便的背包便和 Tom 出發到附近的商場,酒店就在地鐵站的旁邊,黃昏的鐵路擠滿了下班的人群,或許全世界都一樣。

「你今天做 testing 有沒有遇到問題?」我問。

「暫時還可以。」

「雖然說有兩間公司要做兩年數,但 profit and loss 的項目都只是要做年初的 cutoff,最大部分的工夫始終是今年的 testing。」

「知道,我今天做了一部分 DLY 的,應該明天就可以做完。」

「非常好,今晚回去抽定樣本,明天直接抽單檢查,你只有一個星期要做三間公司的 testing,除了恭喜我也不知道可以說甚麼。」

「唉,也沒有辦法啦,我會盡力。」

「OT 我會盡量爭取,今年一定要把 recovery rate[74] 壓到最低。」

地鐵站連接著地下商場,有各種的餐廳和超級市場,當時的我們又怎料到忙裡偷閒的日子,原來正在倒數。

74. Recovery rate 是公司用來計算一個項目有沒有錢賺的指標,計算方法是審計費除以成本,而成本就是所有員工的鐘數加委託其他部門,例如稅務部門的費用。而關於鐘數,不同級別的員工各自有一個價(charge rate),從數百到數千一個鐘不等。一個 senior 的價格大約是每小時一千,如果一個星期五天,每天篤八個小時,成本就是四萬。

需要留意的是,這個 charge rate 並不反映員工真實的工資,所以多數成本都是高過審計費用,而一般的項目 recovery rate 維持在百分之四十到五十左右,視乎情況而定。

晚飯後拿著一袋零食和日用品回到酒店，又繼續工作。

雖然 DLY 是新公司，但業務簡單資料齊全，基本上兩天就可以完成。

將不同的項目打散拆細，比 threshold 大的項目解釋性質和抽單檢查；

應收帳款應付帳款銀行戶口寄詢證函確認餘額；

固定資產抽單檢查新增項目，折舊則重新計算一次看有沒有重大差異；

租約要留意條款，租金承諾需要按時期披露；

不同的項目都有既定步驟，一步一步的完成，一步一步的走向終點。

到星期四的下午，做完最簡單的 DLY，便可以心無旁騖地開始最麻煩那兩間。

利用客戶下班前的少許時間入完 TB，除了去年和前年的累計利潤有差異之外，一切都非常順利。

「Retained earnings 是永遠都不會夾的嗎？」我伸展僵硬的手臂，自言自語。

看一看電腦中的時鐘，六點十八分。

心想只要今晚可以夾到累計利潤，明天就可以處理不同的 leadsheet，WJ 和 SZT 兩間公司各自有三天，到下下星期甚至還有兩天可以整理，時間似乎很充裕。

這一刻，我並沒有把去年官司的影響放在心上。

腦海中只是重複播著羅經理午飯時說的「放心，去年的數據已經按實際情況調整好」這句話。

直到當晚回到酒店，認真研究過羅經理口中那堆「按實際情況做的調整」之後，我才知道，今次仆街了。

從羅經理手中取得的資料不多，除了最基本的 TB 和管理報表外，就只有兩個關於 WJ 和 SZT 帳目調整的 Excel。

然而，人生往往就是這個然而，Excel 內的資料就像是古代文明遺跡中的壁畫一樣難以理解。

酒店房間內只有一張書桌，昏黃的檯燈照亮了筆記簿中的塗鴉。

WJ 和 SZT 的官司。

一四年的會計紀錄只是去到七月。

七月後的帳目按照銀行月結單製作。

基本上是估算出來的。

換句話說，很大機會是錯的。

於是羅經理做了調整。

按實際情況調整。

所有調整的終點是累計利潤。

總數，過千萬。

「甚麼是實際情況？調整的根據是甚麼？全部調整都調到 retained earnings 又是甚麼伎倆？」我抓著凌亂的頭髮，摸不清那堆調整背後的邏輯。

苦思無門，還是留到明天當面問清楚羅經理吧。

辦公室的間隔簡潔，或許說，除了兩間房間外就沒有甚麼間隔，羅經理和來自台灣的營業部總經理共用了其中一間，而另外一間則是會議室。

「羅經理，」我敲敲房門：「有些關於調整的問題想問你。」

「好呀，沒有問題。」她拉了一張椅子給我。

「其實我想知道，你們根據甚麼來做調整，我看到你們幾乎每一個項目都做了調整。」

「就是一五年年底的實際情況呀，比方說，我們之前那個廠房不是被霸佔了嗎？所以固定資產肯定是沒了，就全部沖掉。」

「那麼其他項目呢？」

「應收款就按客戶的回覆呀，我們盡量聯絡商場，跟他們對過數，一五年的金額肯定是對的，我們就按他們提供的金額來調整。」

「那麼一四年的呢？」

「一四年嘛，你都知道，去年發生了這麼大的事是沒有人可以預計到的，我們手中的資料都不齊全，能夠做的都已經盡量做了。」她面有難色。

「我明白，所以一四年的金額？」

「盡量調整了，盡量調整了。」

「噢，好的，那麼其他應付和應收呢？」

「那些都是按實質情況調整，收不回的，不用支付的，全部沖掉。」

「全部調整都做在一四年的『以前年度利潤調整』嗎？」

「對呀，因為是關乎前一年的問題。」

「嗯，好吧，我再研究一下。」

「謝謝你，來，這個拿著。」她從不知何處拿出一支礦泉水。

「呃，謝謝。」我笑說。

「香港那邊每一天都問我進度，問得我精神都繃緊了，如果你看過調整沒有問題就跟香港那邊說一聲，謝謝你啦。」

「我想我需要一點時間。」

我的確要一點時間，或許，比一點還多一點。

「我有個問題想問你。」Tom 拿著電腦走到我身邊。

「嗯。」我眼睛無法離開熒幕，生怕會忘記剛剛整理好的調整。

「我在做年初的 cutoff testing，如果我沒有理解錯，即是做一四年的十二月對吧？」他戰戰兢兢。

「呃，對呀。」我雙手不停在不同的方格和數字中遊走。

「但我剛剛問過羅經理，她說一四年是沒有憑證的，還說我們應該知道的。」

「噢，對呀，去年打官司嘛，會計紀錄被對家霸佔了，但應該已經全部歸還了。」

「她說沒有呀。」

「沒有？」

「沒有。」

我用左手尾指按著鍵盤角落的「Ctrl」，中指不斷敲打「S」。

「好，我們去問一問。」我說，他頭如搗蒜。

「羅經理，」我輕敲房門：「不好意思，又來打擾你。」

「沒關係，調整看完了嗎？」她說。

「不，沒那麼快，」才過了三十分鐘，看得完我就是神仙了：「是關於會計憑證的。」

「哪一家公司？WJ 和 SZT 嗎？」她看著 Tom。

「對，據我所知，Betty 她們已經把所有東西還給你們不是嗎？那你們不是重新取得憑證跟會計系統的使用權限嗎？」我問，但她卻面有難色。

「我們去那邊說吧。」她離開座位，帶我們到旁邊的會議室。

沉默的空氣中只有空調安份守紀地工作，把室外的低溫隔絕，溫暖著室內的人。

「我不怕跟你說呀，我們除了公司印章之外，其實甚麼都沒有拿到。」她說。

「甚麼？」

「所以一四年的帳我們是按照銀行月結單，以及十五年的情況做出來的，錯不了，但憑證就沒有了。」

「但發票之類總會有吧？」

「沒有啦。」

「沒有？」

「增值稅發票要用稅局提供的打印機才能打出來，」她不斷揮手：「但那台打印機還在舊廠房，我們用不了。」

「那為何不向稅局再申請一台？」憑我的知識已經無法判斷她說話內容的真偽。

「報失要報公安，老闆說不要，所以我們今年才成立了 DLY 呀，等 WJ 和 SZT 跟商場簽的合約到期就不再做了。」

「那麼一四年應該有商場月結單吧？不然你們怎樣入帳呢？」

據我所知他們每月會先按營業部的資料入帳，再跟商場對數，發票就會按照月結單來開，並且調整之前入帳的金額，在測試中兩樣文件都需要檢查。

「有是有，但不齊全呀。」她面色很差：「有時我們只能靠營業部提供的資料來入帳。」

但我想我的面色也不好看。

「你要知道呀，我們取回公司印章是十月之後的事，在那之前我們是丁點兒紀錄都沒有的。」她補充。

「沒有發票和憑證都算了，但商場月結單，以及營業部的資料都要給我們，可以嗎？」我說。

「我叫他們準備一下，盡量提供。」

「麻煩你了。」我向羅經理欠身致謝，然後拍拍 Tom 的肩膀。

接下來，才是真正的挑戰。

「對，情況大致是這樣。」午飯後我簡單向 Mandy 報告了這邊的情況。

令人驚訝的是她的反應比想像中平淡，似乎早就料到這邊根本就沒有實質的文件可以檢查。

「所以我們打算檢查營業部的紀錄以及商場開的月結單作為 alternative。」我說，Skype 的電話功能節省了我不少電話費。

「好呀，先這樣吧，有甚麼就檢查甚麼，總之確保他們的帳目有根有據就好了。」她說：「那麼，Jasmine 做的調整怎樣？」

「我粗略看過一遍，她說她的調整是按實際情況，無法使用的固定資產、收不回的款項和訂金之類全部做在一四年的『以前年度調整』。」

「這麼奇怪？那跟我們的 retained earnings 能夠夾到嗎？」

「差了幾千萬。」

「幾，幾千萬？」

「因為她將所有調整都做在 retained earnings，但其實有部分應該做在一四年當期的 P&L，例如固定資產和應付應收的註銷應該直接放在 other gain and loss，而不是沖 retained earnings，」我頓了一頓：「但她做的調整太多，我需要一些時間去研究」

「好的，你慢慢研究，有甚麼再跟我說。」

「另外關於 OT……」

「哦，你自己計 budget 吧，覺得有需要就篤。」

「好的，謝謝。」

「那，之後再說吧。」

「嗯，再見。」

今年長期在 schedule 中的只有我和 Tom，從固定的四人小隊變成兩人，雖然 Mandy 升經理後變貴了，但只剩下我一個 senior，整體可以篤的鐘就變多了。

Karen、Kay、Cerise 都辭職了，H 集團這項目就像被咀咒了一樣，做過的人要麼辭職，要麼變成 Mandy 和 Flora 那樣子。

「不管了，每個 fortnight 都篤 OT，篤到被人 Q 再算。」我跟 Tom 說。

「好呀，多謝 AIC！」

「多謝甚麼？你有付出時間，OT 是你應得的回報。」

星期五晚我們沒有留在深圳，但我跟羅經理說我們週末可能會回來加班，所以酒店房間就連續訂了十多晚，畢竟房間換來換去太麻煩了。

而且，我也真的在星期日就去了深圳，免得星期一又要早起又要逼在關口。

這星期每天下著細雨，氣溫最低只有三度。

寒冷，灰暗，濕滑，看不到前路。

只剩下我一人坐在辦公室的角落，背後的胖子持續發出咀嚼的聲音，他拿著彷彿永遠都吃不完的威化餅。

「我想我們先處理應收帳款的詢證函吧。」我敲敲羅經理的房門。

「好呀，是不是一五年的就可以了。」

「不，一五年和一四年的都要寄，因為去年沒有做審計嘛。」

「但去年的資料不齊全，而且有些客戶都已經失去聯絡，恐怕未必能夠收回。」

「收不回也要寄，這程序不能跳過，」我放下一張清單：「我挑選了這兩年餘額最大的應收帳款，麻煩你們盡快準備。」

「好啦，但要是他們不回我也沒辦法喔。」

「明白，先寄出去吧，收不到的話也可以檢查月結單當作替代程序。」

當下我沒有留意到她尷尬的笑容，只想抓緊一些可以做的程序，讓內心變得踏實而已。

畢竟，我花了一個週末，但還未解決到一四年的累計利潤問題。

大概一盤爛了的數，即使修補了，還是滿目瘡痍。

整整幾個月沒有紀錄，加上一三年審計時做的調整，足以讓我們手上的紀錄和 WJ 帳簿內的紀錄出現莫名其妙的差異。

「或許我應該先逆轉羅經理做的調整。」我自言自語，不然又會被胖子的咀嚼攻擊蓋過我腦中的想法。

還原基本步，與其斟酌客戶的調整有沒有做錯，不如無視那堆不明所以的調整，直接研究最原始的數據。

那災後重建的「不完整紀錄」。

「請問你可以提供這兩年的銀行月結單嗎？」我敲敲房門。

「全年嗎？」羅經理開始顯得不耐煩。

「對，兩間公司，兩年全年。」

「一五年肯定是有的，但一四年嘛，你都知道我們資料不……」她又想推說資料不齊，但我沒有讓她說下去。

「我知道，但你們手工做帳也是靠銀行月結單，不可能沒有的吧？」

「嗯，你給我一點時間吧，我看看能不能到銀行去打印。」

「羅姐，你要銀行月結單是嗎？我在網上打印不就可以了嗎？」坐在房間外的出納大叫。

「網上打印的都可以嗎？」羅經理問我。

「呃，我看著你們打印就可以。」只要是從銀行官方網站打印出來，而不是從神奇的時空抽屜中變出的都可以。

退一萬步來說，在甚麼都沒有的情況下，你給我甚麼我都要。

「那你稍候喔，我先給你應收的詢證函。」她把一疊蓋了章的詢證函交給我。

「謝謝，請問可以幫我安排快遞嗎？」

「你讓小晴幫你就可以了。」小晴就是剛才大叫的出納。

「謝謝你。」我擠出燦爛的笑容。

羅經理的調整大多是把不確定的應付應收註銷，但按照香港的時效條例，至少要在六年內沒有收到債權人的追討才能擺脫還款的責任。

甚麼「已經和供應商失去聯絡」、「對方不會追討的啦」之類通通不成理由。

既然如此，利用一三年的底稿中的紀錄加上銀行月結單，勉勉強強可以做出各種資產負債表項目的變動和分類，有了一四年的 breakdown 就可以逐點擊破。

調整一時三刻不可能解決到，唯有先還原最初未調整的數據來開始工作。

為的，就是抽單、解釋、檢查期後還款和使用情況，堆砌出一段段看似合理的「證據」。

為的，是上頭一個簡單的命令，以及滿足該死的自尊、逞強和好勝心；

為的，不過是完成工作。

　　日間用最少的時間把必須要填滿的底稿填好，其餘的時間全部用來研究那過百條的調整，抽絲剝繭，希望繭裡真的藏著名為真相的幼蟲。

　　星期三的早上，這個星期已經過了一半，調整的整理卻還未完成。

　　走在寒冷的街道上，深呼吸。

　　濕冷空氣灌進肺部，刺激著每個細胞。

　　「煙雞肉法式酥、油條、熱美式。」我走進溫暖的 KFC。

　　「要發票嗎？」

　　「要。」

　　「請稍候。」

　　他把一張五十元的定額發票交給我，這樣就賺了三十元的差額。

　　「哈。」我苦笑，沒想到會淪落到要靠這種小便宜來換取一刻的放鬆。

　　草草把食物塞進口內，用高熱量喚醒體內沉睡的細胞之後又回到辦公室。

　　「今天，一定要把所有調整解決。」

　　每一天都這樣跟自己說，但每一天都失敗了。

　　雖然，在逆轉了所有調整之後，我已經能夠利用「期初調整」的手段令到 WJ 和 SZT 這兩間公司一四年的累計利潤能夠夾到底稿中一三年的紀錄，但羅經理做了過千萬的調整，這些影響總會衝擊到今年的利潤。

　　「羅經理，早安。」我敲敲她的房門。

　　「早安呀，有甚麼事嗎？」她放下手上的工作。

　　「關於這兩年的調整，我大致看過一次，想跟你討論一下做法。」

　　「好呀，沒甚麼大問題吧？」

「你先聽我說，因為你的做法是根據一五年的實際情況，調整一四年的數據，然後所有調整做在一四年的年初累計利潤，對吧？」

「是這樣無錯，我們花了很多時間才能做出來的。」她自豪地說。

「但這樣有個問題，首先我們是不可以隨便調整年初的累計利潤，至少在香港不可以，因為那是從一三年帶過來的數據，而一三年是有審計過，也出了報表，不可以隨便改。」

「欸，但是……那你說該怎麼辦？」

「我會先取消你做在累計利潤的調整，再把不同調整放回所屬的年份，一四年的放在一四年，一五年的放在一五年，這樣才可以反映出真實的數據。」

雖然我知道，根本就不存在甚麼「真實的數據」，那空白的幾個月無論如何都無法填補，現時可以做的不過是令帳目看起來像是「真實」和「有根據」。

「那我要做甚麼？似乎很複雜？」

「帳目我會調整，請你們幫忙跟進詢證函就可以了，昨天我們老闆說發函數量要翻倍，而且一定要收到。」

「一定要收到是太強人所難了，畢竟有些客戶都已經失聯了。」

「那我們就挑那些一定會回覆的，不就可以了嗎？」

「這樣呀……」

「我見一五年和一四有些客戶是相同的，發函給他們，讓他們盡快回函可以嗎？」

「唉，可以是可以，我跟他們打聲招呼，應該是沒有問題的。」

解決了其中一個問題，即使收到回覆之後肯定會浮出其他問題，但那是後話了。

早上九點到下午六點，中間有九個小時。

看似很多，卻轉瞬即逝。

下班了，意味著有一個小時的休息時間，可以到全家便利店買一杯加大的美式咖啡充電。

在排山倒海的工作面前還要坐車到商場吃晚餐太過奢侈了，一個酸菜牛肉杯麵、一個飯糰、一盒沙律，或是用酒店內的電風筒加熱午餐時剩下的薄餅，吃飽了，就要開工。

找到了處理調整的方向，接下來就是另一個問題：

按照 Mandy 的講法，現在 WJ 和 SZT 共有兩盤數，一盤是一四年用來製作合併報表、那堆估算出來的數；另一盤則是我現在手上，羅經理做了過千萬調整的「真實數據」。

毫無懸念，兩盤數完全不同。

一四年的報告出了，即使是保留意見也不能有太過份的差異。

那怎辦呢？

「還可以怎辦，先把差異 rec[75] 出來，看看有多少再算。」我說，晚上十一點和 Karen 通的電話是咖啡以外的充電方法。

「那麼你加油啦，不要太晚睡。」她說。

「嗯嗯，知道了，天光前會睡的。」大概，四點左右吧。

「嗯，唉，那麼你快點開工。」

「知道。」

不捨地放下電話，回到 Excel 中的數字世界，以一四年的未調整原始數據作為起點，逐條調整審視，最後比較去年用來做合併報表的數據。

75. Reconcile，即是調節，當遇到兩個理應相同但卻出現差異的數字時，我們便需要「rec 數」，把當中差異的原因找出來。例如銀行結餘，如果銀行詢證函顯示的餘額和客戶的紀錄不同，客戶就需要提供銀行餘額調節表，bank reconciliation statement，把當中做成差異的原因列明。

這個差異，才是真正要解決的問題。

滴答滴答，看著時鐘，早上四點。

「真是完美的時間管理。」

滴答滴答，看著時鐘，早上八點。

早上，一杯 KFC 的美式咖啡。

中午，一杯茶餐廳的偽港式咖啡。

晚上，一杯全家便利店的美式咖啡。

用咖啡因維持著生命，彷彿連呼吸都帶著咖啡的氣味。

每個寧靜的晚上伴隨著我的除了沒有盡頭的工作，就只有頭痛和疲倦。

一個星期過去，留在深圳的日子，還剩兩天。

接下來的日子，雨還是沒有要停的跡象。

Tom 完成了東莞那邊的現場審計，星期日晚上來到深圳，於是這個星期的加班之旅，直接在星期日晚上開始。

調整已經按年份按性質分類，哪些會保留哪些會放到垃圾桶，原因是甚麼影響是甚麼金額是多少都已經清楚列明。

這就是花了足足一個星期，每天只睡四個小時的成果。

但堆砌出數據是不夠的，數據背後還需要證據支持。

而證據甚麼的，老實說要多少有多少。

最麻煩的，始終是由第三方提出的證明：詢證函。

對方回覆的金額不是你紀錄那個數字，那就只有兩個可能性：你錯，或是對方錯。

但無論誰錯，找個合理原因解釋為何有人出錯都是審計師的責任。

而我手上，就有一堆被印上「金額不符」的詢證函。

「他媽的又說會跟對方打招呼，又說每個都會對數，＿，現在回函沒有一張是確認金額正確的。」

「＿啦，他們的商場月結單和營業部紀錄完全不同，有時連入帳的金額都不同，那怎麼做？」

細小的房間內，我和 Tom 把每一個人的每一個親戚都問候了一遍。

彷彿不說粗口的話，就無法宣洩內心的憤怨。

結果，又是工作到早上四點才爬回床上。

「記得我們最後的結論嗎？」我在 KFC 內喝著沒加糖和奶的美式咖啡，苦味和咖啡因的雙重提神功效才能把我帶到工作模式。

「記得，把差異 rec 出來，然後再 project[76]，看看 expected error 有多大。」

> 76. 做 testing 最理想的狀態是沒有發現任何問題，但有時有些問題無法收藏，或是太過嚴重明顯，就要考慮這些問題的真正影響。因為 testing 是抽樣檢查的，例如在一百宗交易裡我只檢查了十宗，比例上是十分之一，假若在十宗抽樣檢查發現了一宗有問題，我們便會假設其他沒有檢查的交易同樣有問題，最終的預計誤差（expected error）就要根據抽樣的比例倍大，用以上的例子，就會假設一百宗的交易裡，共有十宗會出現問題。

「嗯嗯，不過計算之前再問一次原因，可能有辦法把差異減少，或者根本是我們做錯了。」

「明白。」

「今晚我們去吃好一點，我覺得我快要死了。」

「好的。」

兩個失去靈魂的軀殼在對話，偏偏又能漸漸的把工作完成。

　　九個小時的辦公時間，每日如是。

　　九個小時的加班時間，每日如是。

　　肝臟的悲鳴，眼窩下的黑色塗鴉，換取的，就只有戶口裡的金錢。

　　「問到了，阿旺說本來他們的做法就要先按營業部的紀錄入帳，到開票給商場時再調整，但現在無法開票，也就無法調整了。」Tom 說，阿旺是其中一個會計員工。

　　「即是說真的有差異，」我抓抓頭髮：「那營業部紀錄和入帳之間的差異又是甚麼？」

　　「應該是扣除要支付給商場的費用，還有稅金，還要考慮現金和信用卡銷售的分別，應該就可以對到。」

　　「這樣呀，今晚再研究，要是真的對到就算了。」我深呼吸：「現在計算一次 expected error，要是太大那就『收皮』了。」

　　「知道，我先計一計。」

　　「謝謝。」

　　解決了測試的問題，詢證函的差異亦都交給羅經理直接跟她們的客戶溝通，至於十四年的數據差異也要等回到香港再研究。

　　似乎，可以暫時鬆一口氣。

　　到了星期二的下午，電話響起。

　　「所以現在一四年客戶的數和我們當時用來做 consol 的數差了多少？」Mandy 在電話的另一邊問。

　　「大約一千萬港幣，不過這是資產和負債部分相加的淨差異，所以有些項目是大過一千萬的。」

「一千萬，好，我們的 materiality level 是一千三百萬，勉勉強強不致於會爆煲，但總不能把一千萬全部放進 misstatement，這恐怕過不了技術部門那一關。」

「我明白。」要是出現了一千萬的重大錯誤，大概連 Flora 那一關都過不了：「我會把 adjustment summary 上傳到伺服器，你可以先看一看。」

「OK，等你回來再算，我們再跟 May 和 Angel 開會研究吧。」Angel 是 H 集團另一個財務部經理。

「好的。」

下午三點，還有兩個多小時就要回去香港，手上的工作完成得七七八八。

沒想到，竟然真的可以做完，雖然肯定會有數不清的 Q 要解決。

但完成就是完成，完成工作就應該有完成工作的喜悅。

身後的胖子還在吃威化餅，真想問他拿一包來慶祝。

13/ 當每日工作十七小時，對錯就會變得不重要

夜色昏黃，無星無月，路燈照亮了街道，卻無法驅散路人內心的煩鬱。

回到香港已經一個星期，檯面的工作有增無減，但奇蹟地我們仍能呼吸著沉悶的空氣，並沒有在其中一個加班的晚上猝死。

畢竟每次在凌晨三四點下班之際，心跳總是急促而混亂，彷彿離死亡不遠。

今夜又是個加班的晚上，在葵芳某處的大排檔，三人點了幾個小菜，看著旁桌豪邁的酒杯對碰，心裡不是味兒。

「想啤一啤？」我問。

「不要吧？還有一大堆東西要做。」Tom 正在洗杯。

「我是沒有所謂的。」Nick 剛剛抽完飯前煙。

「開玩笑而已，趕快吃完回去又要開工。」我抽了幾張紙巾拭乾筷子。

「呼。」Nick 吐出一口悶氣：「不知要做到何年何月呀。」

「兩位大佬別灰心，沒事的，沒事的。」

「還好有你過來幫忙，不然我倆真的會死掉。」我拍拍 Nick 的肩膀。

「__你，這麼肉麻幹嘛？」Nick 笑說。

趁著 May 和 Ivy 忙著消化深圳那些調整，本來打算盡快完成香港子公司的審計，但奈何公司的數量實在太多了。

人只有我和 Tom，四隻手，兩部電腦，能夠做多少？要不是借到 Nick 過來幫忙分擔，就算不眠不休都不可能完成。

因為就算有他，我們都是每天加班到凌晨兩三點。

「盡快做完盡快收工。」Nick 說。

「嗯。」我微笑。

小菜見底，白飯吃盡，又是時候回到狹小的辦公室繼續無止境的工作。

「我去呼吸一下。」Nick 嫻熟地拿出煙。

「那我去 7-11 買咖啡。」我說。

「我去買薄荷糖。」Tom 跟過來。

「那直接在天橋等吧。」Nick 吐出一口似有還無的煙。

便利店的咖啡比星巴克的咖啡平三倍，但沒有難飲三倍，應該是一個不錯的選擇。

燙熱的咖啡無法下嚥，只能暫時充當暖手的工具。

畢竟二月的晚上還有一點寒冷。

沒有窗的純白會議室內仍然單調地放著一張黑色桌子。

桌上，則堆滿了文件和空的薄荷糖鐵盒。

因為薄荷的衝擊比咖啡因更能夠提神，尤其是去到半夜，潛意識開始拒絕咖啡的時候。

「Timber 哥，這 testing 用這些抽樣沒有問題吧？」Tom 把電腦推過來。

「頂你，沒有看 sample design 嗎？這幾個帳目勾走了，再抽。」

我打開糖盒，倒出兩粒藥丸般的糖，放進口裡，咀嚼，辛辣的感覺衝擊鼻腔，獲得短暫的精神和快感。

凌晨兩點半，別人睡覺的時間，我們還在工作。

拆 breakdown 寄詢證函寫變動解釋抽單抽樣本，重複了一間又一間的公司。

浪費了一個又一個的晚上。

「我應該可以做多一間。」Nick 說。

「真的？那我不客氣了。」

「Client 給的資料都齊整，做起上來也不算太難，只是公司數量有點多罷了。」

「香港這邊是很好的，有問題的是中國那邊。」

「你深圳那幾間完成了嗎？」

「當然未啦，她們還在看，」我虛指著會議室的門，然後指著電腦：「她們都還在看。」

「Mandy 會過來嗎？」Nick 換了一個意味深長的笑容：「真想看看你們的互動。」

「鬼才有互動，不過老實說，只談工作的話，現在她是公私分明的。」我直說。

「那就好啦。」

「之後就不知道了。」我攤開手。

凌晨三點。

「走吧，叫的士。」

三架紅色的士，三條路線，三個累透的人。

「我們大致看了一遍深圳的調整，」May 微笑著：「但看不懂。」

她拿著手提電腦，而 Angel 則拿著筆記簿坐在她旁邊。

「哈哈，我明白。」我說。

「她們到底做了甚麼呀？」Angel 問。

H 集團內部分成兩部分，各自業務不同，出事的十二間公司是 Angel 的管理範圍，而 May 因為負責處理合併報表而被拖下水。

「其實是這樣的……」我把在深圳發現的事娓娓道來。

「所以你做的表格，是逆轉了 Jasmine 的調整，再把她原來的調整分為一四和一五，各自放回所屬的年份。」Angel 邊抄寫邊說。

「沒錯。」我點頭，想起在深圳那兩個星期。

「然後一四年調整後的數據和當時做合併的數據有出入，對吧？」May 說。

「沒錯。」

「差了……近一千萬。」May 嘆氣。

我跟著嘆氣。

然後在場的人都嘆了口氣。

「但不合理呀。」May 輕推眼鏡：「就算去年合併的數據是估算出來，但至少有七個月是真的，怎可能五個月就輸了一千萬？」

的確，我沒有想過這問題。

「說得對，不如我問問 Jasmine？」Angel 拿起電話。

「問她也沒有用，她知道就不會做出這堆調整。」May 不停按壓原子筆。

「那現在怎辦？」Angel 問。

「嗯，現在你分開了兩年的調整，我們再研究一下是否真的需要做調整，或者根本在其他地方已經做了，看看是否能夠把差異縮窄。」May 指著我：「這樣可以嗎？」

「先做出來看看吧。」我沒有答案。

三塊七成熟的牛扒，雖然不是用鐵板上菜，仍然肉香四溢。

「星期四，吃好一點。」Nick 切著牛扒。

「每一天都應該吃好一點。」我攪拌著咖啡。

「但銀包沒有這個深度呀。」Tom 苦笑。

「還好啦，六十蚊有扒有飲品。」我切開有點過熟的牛扒。

「你們現在怎辦？剛才聽你們開會似乎很嚴重。」Nick 說。

「不知道，好像進了死胡同，」我放下刀：「Misstatement 是不可能吃到一四年的差異的，而 PYA[77] 似乎也是不可能。」

「去年是保留意見，今年做 PYA 也沒有問題吧？」Nick 問。

「大有問題，」我嘆氣：「最大的問題是，現在根本沒有人知道真實的數據是甚麼。」

「因為是 incomplete record。」Nick 苦笑。

「對呀，根本沒有人知道一四年尾那幾個月發生了甚麼事。」我切了一大片肉塞進口裡：「根、本、沒、有、人、知、道、真、相。」

77. Prior Year Adjustment，當發現去年出具的財務報表有重大錯誤，便需要做出 PYA 去修改，然後在今年的報表中，上一年的參考數據便需要重列（restate）。通常，如果是新的客戶，尤其以前是由非四大擔任審計師的客戶，老闆多數會樂意做 PYA 來顯示自己公司和其他公司的「實力差異」，但如果舊客戶發現要做 PYA，即是去年公司做錯，而且經過多重審核都未能發現，那就不單是面子的問題了。

「所以沒有辦法讓客戶跟我們做調整，而只能勉強依賴她們常掛在嘴邊的『真實情況』。」

「而且 PYA 要過技術部門，我無法想像深圳那堆垃圾會換來怎樣的 Q。」我看著 Tom。

「別、別看著我呀，我自問盡了全力，能夠做的都做了。」

「我知道。」我說。

「我也知道。」Nick 跟著說。

「所以，我也不知道可以怎樣做，姑且看看 May 能夠把那堆調整化解到甚麼地步，之後再算。」

「也對，現在先專心做好香港那部分。」

晚上的葵涌運動場總是人來人往，晚飯後我們即使穿著西裝皮鞋都忍不住要入去散一兩個圈的步。

為了找回一些活著的感覺。

「我們早上十點上班，凌晨三點放工，做了多少個小時？」Nick 問。

「十七。」Tom 面無表情。

「等於別人打兩份工的時間。」我說。

「＿。」大家同聲說。

然後是一陣自嘲的笑聲。

去到星期一，就只剩我和 Tom 兩人，畢竟 Nick 只是路過救火，短短兩個星期的 schedule 轉眼即逝。

兩個在唐記買的叉燒包熱氣蒸騰，和二月早上的冷空氣上演著一幕看不到的角力，留下的痕跡，就只有膠袋中斑斑的水點。

推開會議室的房門，開始和上星期一樣的工作，平凡、單調、重複。

然而，某個代表危險的視窗卻在我開啟電腦後的一分鐘出現。

一個危險的名字。

「早晨，我今早收到函證中心的通知，說有些函證有問題，你可以幫我跟進嗎？」一如以往地溫柔的 Flora，有時甚至會在句子的結尾上加一個笑臉符號。

但每個人都知道，她是最不可以得罪的人。

「可以，請問發生了甚麼事？」函證中心幾乎每天都說函證有問題，理由千奇百趣。

例如函證上的蓋章有問題。

例如忘了在函證上寫上編號。

例如客戶直接把函證寄到函證中心。

例如函證上的資料填錯了。

例如函證重複了。

千百種的理由，有時是我們做錯，有時是回函的人做錯，有時是客戶做錯，但捱罵的人，肯定是我們。

「似乎是有些函證要退回，我猜又是 A1 同事做錯了，好像上次那樣。」她說。

「嗯，我跟進一下，也未必關他的事。」最近的函證都是我自己處理，又怎會是他做錯。

「總之，你叫他工作時集中一點，不要常常做錯。」

然後，她就沒有補充了。

「發生甚麼事？」Tom 正好推開門。

「你仆街了。」我說。

「別嚇我呀大佬。」他放下公事包。

「你上次弄錯了一次詢證函，現在所有詢證函的問題老闆都覺得是你做錯。」

「不會吧……上次她明明說不要緊的。」

而上次的所謂問題也不過是忘了在函證上寫上編號，而最無辜的，是 Tom 其實是請其他同事幫手，然後那人忘了填寫編號。

「她應該是我遇過最小器和記仇的人。」我說。

「唉。」

膠袋中的水氣揮發，冷掉的叉燒包變得又乾又硬。

又一個無法好好吃早餐的早上。

「所以是我上次拜託你們預備的函證，但你們直接寄到函證中心嗎？」我握著會議室內的電話，用力地向羅經理解釋。

「對呀，不可以直接寄去那邊的，因為我要先在公司的系統中登記，沒有紀錄的話函證中心就會出報告。」我向著 Tom 做了一個無奈的鬼臉，他則直接把額頭撞在桌上。

「沒關係，我會跟進，嗯，另外請你催促商場盡快回函，對，對，謝謝你羅經理。」

通話結束，到頭來錯的根本不是我們，但罪名卻又刻在我們的背上。

時間過得很快，又到了星期三，但時間又過得很慢，星期五怎樣等都還未來到。

我整理著桌面，騰出一個空位準備下午的會議。

一星期一度的，進度研討會議。

去年沒有這玩意，前年也沒有，大前年也沒有。

但今年來了一個新的財務總監 Gordon，整個財務部的氣氛都變得灰暗。

尤其是其中一位財務部的經理 Ken 離職了，卻沒有新聘請的員工，他原本負責的工作就直接滲進剩下的人的手裡。

或許每一間公司都是一樣，賺錢才是最重要，反正有朝一日公司不再賺錢的話，就再沒有任何「剩下的人」了。

Gordon 新官上任，他的指令很簡單：「解決去年的問題」。

在這個基礎上，幾乎任何由審計這邊提出的要求他都會盡量滿足。

之前老闆突然要求一四年的發函數量加倍，他二話不說就向羅經理施壓，不然我連那些商場的地址都拿不到。

但凡事一體兩面，方便了我們，就自然苦了 May 和 Angel，畢竟她倆在職權上直屬 Gordon，她們的工量就比去年增加。

例如這個本來不存在的例會。

「唉，再這樣下去也不是辦法。」Angel 說，她今天沒有戴隱形眼鏡。

「唉，GP 哥每天都催我們交深圳那盤數，真的，早晚連命都沒有。」May 說。

因為 Gordon 姓彭，他有時都會自稱 GP，就連他的車牌也是 GP 開頭。

「辛苦你們了。」我說。

「今天 Mandy 會來嗎？」May 問。

「她說會來，但可能遲一點。」

「那我們先開始吧。」May 攤開筆記簿：「首先，我們重新看過一次 Jasmine 的調整，其實有部分真的不用做。」

「真的？」我問。

「不信我們嗎？」May 笑說：「例如，她沖走了一部分的存貨，但我們發現，其實去年在失去對公司的控制前那批貨品已經送到另一間子公司。」

「當時有簽合同，也有倉庫紀錄，」Angel 補充：「所以不用做註銷了。」

「很好，那請給我一份合同和倉庫文件做參考。」我點頭道。

「沒問題。」May 接著說：「另外關聯方的結餘我們也再查過一次，也改了 Jasmine 的調整。」

「好，只要到合併時能夠抵銷就可以了。」我說。

「那是當然的，另外其他應付、其他應收和固定資產就不動了，按你提出的調整。」May 說。

「好。」

「商場那些應收帳款比較麻煩。」Angel 拿出一疊文件。

「對方回函說金額不符。」我嘆氣。

「對，暫時一四年二十封詢證函只收到六封，而且全部金額都不符，我叫了 Jasmine 做調整，金額跟對方。」Angel 說。

「但問題是，我們總要定數，不可以再改來改去，所以之後收到的回函要是金額有出入，就麻煩了。」May 苦笑。

「我早兩天請羅經理催函，但不知道情況如何。」我說。

「她催了，但對家不理會也沒有辦法，你們是一定要收到回函嗎？不可以做替代程序？」May 問。

「你們一四年都沒有單，想用抽單替代都不行啦。」我說：「而且老闆說一定要收到。」

「唉。」她們同聲嘆氣。

「但起碼現在一四年數據的差異收窄到幾百萬，是一個好開始。」我努力擠出笑容：「我再和 Mandy 研究怎樣處理，謝謝你們。」

「那我們再跟進函證那方面，有甚麼再跟你說。」

「謝謝。」我欠身。

真的，要不是有能夠幫忙的客戶，我們早就猝死了。

畢竟，今晚又是三點才放工。

二月的最後一個星期，天空忽晴忽陰。

有時是讓人沮喪的灰暗霧霾；有時則是讓人心痛的清澈藍空。

工作讓人很累，社會的各種消息讓人很累，累得令人想放棄一切。

現在讓我堅持下去的，除了是對來年不用再花時間堆砌數字的期待之外，大概就是偶爾和 Karen 午飯的輕鬆時光。

她找到新的工作，雖然不是她真正想做的行業，但為了生活有時得將就一下。

為了生活，就得每天笑面迎人，即使和對方根本沒有交集，仍得，努力地，勉強地，把笑容掛在臉上。

「哈哈，這樣也可以。」我說。

「嘻嘻嘻，就按這個方向吧。」Mandy 說。

會議室內，充斥著兩把不是發自內心的笑聲。

「去年那十二間公司是 joint venture 嘛，合併時只是分了一半，換句話說，有錯的地方影響力都只有一半。」她接著說。

「假設只有 WJ 和 SZT 的數據有問題，現在調整過後差異大約有六百萬，分一半也只是三百萬左右。」我補充。

「然後去年 May 很聰明地做了一筆二百萬的撥備，嘻嘻，那樣似乎也不是太嚴重？」Mandy 笑說。

「好像是。」我點頭。

「嘻嘻，餘下的差異放在 misstatement，應該沒有甚麼問題，剩下來的 working 你就整理一下，我遲些再看。」她說。

「哈哈，好的。」

審計師可能是世上最強的收納專家，這裡修一修，那裡改一改，原本

一千萬的差異由大化小，當初考慮的嚴重情況完全沒有發生。

不過就是多了幾條應佔合資公司溢利和往來帳餘額的 misstatement。

總算，告一段落。

「還好你們解決了。」May 靠在門邊，推一推銀絲眼鏡：「GP 哥今早又催了我們一次。」

「放心啦，我們一定能處理好的，嘻嘻嘻。」Mandy 瞇著眼笑。

「其實處理不好也不要緊，不過要是連續兩年的審計意見都⋯⋯」

「那是不會發生的，嘻嘻。」

「這是 GP 哥說的，我幫他轉述而已。」May 微笑。

H 集團每年為我們組貢獻三百萬的收入，站在老闆的立場，拿著鈔票的人永遠是對的，只不過在安心收錢之前，需要上映一幕又一幕盡職盡責釐清對錯的戲碼罷了。

「好，所以一四年的問題算是解決了？」Angel 一臉難以置信。

「嘻嘻，可以這樣說。」

「嘩，太好了，今晚終於可以好好睡一覺。」Angel 雙手掩面。

「恐怕不能，」May 一盤冷水倒在她的頭上：「還有詢證函的問題吧，而且也差不多要開始合併了。」

「唉。」

「捱完這一個月就真的可以好好睡一覺了。」May 拍拍 Angel 的肩膀。

茶水間垃圾桶內還放著昨晚的空杯麵碗，來不及清理。

我在飲水機按下熱水，被高溫滾燙過的檸檬釋出令人放鬆的氣味。

茶水間外的走廊是辦公室內少數可以看到街外的地方，有時工作到即將

崩潰，我就會拿著放了幾片檸檬的水杯，來這裡吸一口奢侈的空氣。

暫別侷促，暫別電腦另一端排山倒海的指令，暫別壓力。

大約，五分鐘左右，然後回到座位。

「早安，請問你是 H 集團項目的負責人嗎？」熒幕上彈出一段禮貌的開場白。

「對，我是。」我回答，對話視窗顯示了他的名字、部門和職級。

「其實是關於 H 集團中國子公司的稅務審核。」他說。

我沒有回應，反正他都未說出重點。

「想請你幫忙向客戶請求關於稅務的文件。」他接著說。

「我稍後把客戶的聯絡資料給你，麻煩你自己跟他們聯絡。」我說。

接著把 Chris 和羅經理的電郵和電話給他，足夠讓他處理東莞和深圳的子公司。

「哦，好的，謝謝。」

「謝謝。」

每一次要和別的部門合作，他們總是喜歡把我們當成傳聲筒，別人的做法我不清楚，但我一定不會接下這個責任。

除非把他們分了的審計費用都算進我的人工，或者可以考慮為他們做一點份外事。

變成了負責人，項目中的每一件事都和自己扯上關係，從每一間子公司發生了甚麼事到過往幾年做過甚麼調整都要銘記於心。

稅務部門會找你、企業風險服務的人會找你、你老闆會找你、你下屬會找你，每一個人都會因為不同的原因找你。

當你解決了他們的問題，你就會發現一日又差不多過去。

但總會有好事情發生。

踏入三月，總算借了新成員加入，成員增幅有五成。

從兩人變成三人。

「早晨呀。」Tendy 推開門。

她剛剛完成了 Flora 手下其一個私人公司客戶，便借給我們用一個月。

「早晨。」我剛剛結束和稅務部那位小兄弟的對話。

「請問我有甚麼要做呀？」她放下手袋。

「我們基本上已經做完香港的子公司，但之後有些地方要等客戶的回覆，所以一直留空，你幫我整理幾間公司，其他讓我來。」

「好。」她話不多。

「我們應該有在 working 裡開 Q，先順序清，再看看有沒有地方要再跟客戶跟進。」

「好。」

「稍後帶你和客戶打個招呼。」

「好。」

「嗯。」

漸漸的，會議室內只剩下空調系統運作不良的噪音，和電風扇嘎嘎運轉的聲音，大家埋首在自己的工作中，默默地向著某個目標進發。

「給你的。」我從 Ivy 手中拿到一疊單據，是購貨測試需要用的。

「呃，麻煩 Timber 哥。」Tom 點頭，他桌上的單行紙寫滿了備忘。

「剛剛我跟 May 談過，她應該會在這一兩天提供合併報表，所以我們要盡快完成手上的工作。」我沒有坐下，坐了整天，腰都幾乎無法伸直。

「嗯，我清了部分的香港公司，除了某些詢證函未收到，其他都沒有太大問題。」

「靠你了。」我指著 Tom。

「我？」

「Alternative 呀。」

「哦，一早做好了。」

「那就可以了，」我嘆氣：「唉，深圳那些才收到一半。」

「那怎辦？」

「還可以怎辦，明天再催羅經理，現在她們都下班啦。」

晚上七點，差不多又到晚飯的時間。

奢侈地吃完譚仔的兩餸米線加凍飲和土匪雞翼，我和 Tom 回到 H 集團辦公室的門前，Tom 駐足在大門前端詳著密碼鎖良久。

「嗞。」我忍不住笑了。

「頂，忘記了密碼。」他尷尬地笑了。

「走開吧，讓我來。」我一手把他拉開。

「嗶、嗶、嗶、嗶。」我輸入四字密碼。

「……」門鎖卻沒有回應。

「不會吧。」我搔著額角：「May 好像說過今天會改密碼。」

「頂……」

「你們站在這裡做甚麼？」May 在另一邊的大門向我們說。

「嘩，你還未走實在太好了。」我快跑過去。

「那有這麼早呀？不用做合併給你們嗎？」她拿起放在矮櫃上的兩個杯麵。

「Ivy 都未走嗎？」我問。

「Angel 都未，不過她不吃杯麵。」May 微笑：「六六七三，記住呀。」

「知道。」我笑著回應，雖然不可以透露大門密碼其實是其中一項內部控制程序。

「你們都加油啦。」她走向幽暗的走廊，回到財務部的辦公範圍。

走廊中唯一的光源，就是那印著「出口」的白色燈箱。

「好，今晚也要加油。」Tom 握拳。

「哼，你先告訴 Tendy 新的大門密碼吧。」我走在前面，不讓他看到我上揚的嘴角。

「咦？我和 Mandy 的 working 撞了。」Tendy 說。

「似乎開始 review 了。」我跪在椅子上，因為實在坐得太多了。

「哼哼，不知道深圳那堆東西會怎樣。」Tom 把薄荷糖倒進口中。

「不知道也不想知道。」我用腰部的力量轉動椅子，假裝自己在做運動：「既然她們開始 review，我們暫時不要動那些 working。」

「那現在做甚麼？」

「早兩天 Mandy 把今年的 FS 交了給我，我們比較一下 FS 上去年的資料和年報上的資料有沒有出入。」

「要加減一次嗎？」Tom 問。

「當然要。」我把財務報表的草稿分給他們：「小心一點對數，另外年份都要小心，麻煩你們了。」

鉛筆劃過紙張，留下了無關痛癢的痕跡，一頁接著一頁。

本來打算對完手頭上的財務報表便可以久違的在上班那天下班，卻在最後關頭被人逮住了。

「噢，Mandy 說她看了一部分，叫我們先清 Q，」我看著熒幕中細小的視窗：「然後她們繼續看其他，明天繼續清。」

「正！今晚又不用睡覺了。」Tom 說。

「哈哈，有種你就在她面前說。」我笑說。

「不敢不敢，我已經得罪了 Flora，下場堪虞呀。」

「哈哈，『方丈』為人很小器的。」Tendy 笑說。

「唉，開工吧。」

晚上中央空調關掉之後，房間安靜得令人耳鳴。

陪伴我們抵抗耳鳴的除了是工作之外，就是達哥不堪入耳的歌聲，還有張如城才華四溢的演出。

三月的濃霧久久不散，偶爾伴隨著教人心煩的大雨，鼻腔中充斥著潮濕的腐敗氣息，連桌面的紙張都變得皺巴巴。

日以繼夜的清 Q，然後夜以繼日的清 Q。

強忍著好幾次想要把電腦摔在牆上的衝動，為了宣洩當下無處可逃的情緒，在心內高呼過好幾次的：

然後冷靜下來，一步一步把各種可能和不可能、合理和不合理的要求完成。

總算去到最後階段：合併。

子公司的審計和合併是兩種玩法，去到合併層面，我們假設子公司已經沒有紕漏，要做的調整已經做了，要改的地方也應該要改了。

連同 WJ 和 SZT 在內的十二間公司化成了一個小型合併，變成 H 集團最終合併報表的其中一行。

做過多少的調整不再重要，現階段重要的，就只是能否妥善地填好財務報表上的每個空洞。

「你們幫我比較一下大 con 中的數和我們的 working 有沒有出入，逐間公司逐個帳目對數。」我跟 Tom 和 Tendy 說。

合併報表新鮮出爐，我負責看一次合併調整，對數的任務就交給他們。

去到第三次做 H 集團的合併，新意欠奉，剩下的只有無限重複的工序。

合併調整共百多條，多不算多，因為有些公司有更多調整，但少亦不算少，因為有更多公司比這個數量少。

不過，百多條調整中有近一半是由以往一直帶下來，而剩下的，其實也萬變不離其宗。

例如抵銷投資額和子公司的資本。

例如計算商譽的價值。

例如抵銷集團內子公司的交易和往來帳結餘。

例如調整集團內交易引起的未變現利潤。

例如補做沒有在子公司層面做的撥備。

例如計算延遞稅項。

檢查一次 May 做的合併調整，和往年完全一樣的，直接跳過不浪費時

間，和往年性質一樣但金額不同的，檢查一次計算方法，至於今年新增的，就要花點心機解釋。

但除此之外，整個合併的過程和往年沒有太大的分別，我繼續做去年做過的 consol notes，看不到盡頭的銀行授信額度總結、永無止境的七仔披露、幸運地越來越少的銀行借貸，還有專門用來藏污納垢的應付應收帳款。

正當我以為可以專心處理合併過程的工序，另一個代表危險的名字又出現。

「Flora 看過 WJ 的 working 了，你們先清那邊的 Q 吧，好像過兩天就要給技術部門看。」Mandy 說，隔著熒幕都大約想能夠想像她緊張的模樣。

「好的，我先看看。」要來的，始終要來。

無法開發票的原因。

銷售入帳的差異。

十四到一五的存貨變動如何確定。

毛利率的變化。

詢證函的金額不符。

還有一堆備注描述的不足。

就好像把皮球壓進水裡，它早晚會反彈，而且水花四濺，所以今次一定要徹底把球打走。

「你 testing 裡面關於入帳差異的描述寫多兩句吧。」我跟 Tom 說。

「不是已經寫了一段嗎？」

「再寫啦，可能她沒有看，又或者她不明白。」

「唉，知道知道。」

「這裡也是一樣，改一改吧。」

「這裡都多加一句。」

「你們要加油。」Tendy 突然插嘴。

「沒有問題的。」我們笑說。

連續幾個睡眠不足的星期過去，Q 清了又開，開了又再清。

書面上的 Q 電話中的 Q 電郵中的 Q，形形色色，你問我答環節每天上映。

我堅信已經盡了最大的努力把所有可以做的事情都做了，也管不著接下來有怎樣的結果等著我們。

當然，最後甚麼事情都沒有發生。

去到三月下旬的某一天，所有底稿都有了經理們和老闆的簽名，至於他們是否有認真地逐張覆核，大概只有天曉得。

關於深圳的問題沒有人再過問，給商場的函證奇蹟地全數收回，縱使每一張都說金額異於他們的紀錄，但「合理解釋」這東西要多少有多少，最後也蒙混過關。

合併的工序逐漸完成，填寫報表的責任幾乎都由 Mandy 攬在身上，我們只是偶然填寫自己負責的部分。

寫完最後一份 FAR，合理化所有變動。

填完最後一張重大錯誤總結，歸納出所有缺陷。

我們在三月尾一個下著雨的日子離開了 H 集團的大廈，帶著幾箱文件回到自己公司，象徵著這次出征結束，雖然等待著我們的多數不是加冕。

不知道是否存在的真相隨著 H 集團公布業績變成一個沒有人願意考究的問題。

反正再過一年，以往發生的事就變得不重要。

真相。

事實。

證據。

努力。

都不過是自欺欺人的笑話。

14/ 一個故事的結束，往往是另一個故事的開端

從 H 集團的年審解放出來，一切總算回到正常。

不用再加班到凌晨，不用再對著無法理解的調整，不用再待奉難以相處的人。

奢侈地睡了一個沒有壓力的覺，尋回了活著的感覺。

密密麻麻的 schedule 沒有半刻停止，巨輪般一直向前。

去到 W 集團的年審，對著一個我最不滿意的人，不滿意到甚至不想把篇幅花在他身上，反正就是未升做經理就把自己當成是經理，會在星期三發電郵給你叫你在這星期裡把三分二個合併做完，又會把包著鼻涕的紙巾隨處亂放，上班途中主要處理私人事務例如家居保險漏水賠償之類的人。

不過忍著忍著，就過去了，我和他的人生相信也不會再有半點交集。

然後去到 K 集團，一間幫明星打肉毒桿菌打到在創業板上市的醫學美容公司，簡單的架構和業務令人覺得做審計其實是一件不錯的差事。

每天準時放工，每天卻因為診所十點半才開門而有了光明正大的遲到理由。

能夠在還有日光的時間走在街上，聽著路人的喧鬧，感受著路人的擁擠，原來是一種扭曲了的幸福。

到六月，就是 C 集團的年審，同樣的辦公室，同樣的工作，同樣的問題。

對數改數對數，就過了一天，改數對數改數，又過了一天。

重複做著重複做過的工作，難道又能夠期待遇到不同的結果嗎？

或許我們早意識到自己是巨大機器中的一片齒輪，但偏偏擺脫不了成為齒輪的命運，只能每天運轉，直到某天稜角被磨平，就不會再思考。

上演了一幕又一幕我努力找錯處你盡量去修改的戲碼，又捱過了好多個加班到凌晨的晚上之後，唯一留下的除了回憶之外，就不過是又有一間上市公司公布了業績。

僅僅如此。

付出了再多的努力，都沒有甚麼可以帶走。

甚至去到某個關口要接受無論是認真工作還是假裝認真工作，到頭來結果都是一樣，這樣的話還要如何說服自己花光心力去面對每天的工作呢？

七月放了一個很長的假，去了一趟活得很慢的旅行，卻沒法不在出發的第一天就想著結束，因為知道回程就等於又要回到工作。

大概大多數人都是一樣，沉溺在旅行當中不過是為了逃避，逃避那個多半看不到未來和希望的現實，所以才渴望能夠短暫地從現實抽離，就像吸毒一樣。

「我決定了，做到十月就遞信。」我說，旗津的海風彷彿帶著炸竹輪的香味。

「好呀。」Karen 隨意擺動雙手，感受著海風。

「思前想後，唯一問題就是人工。」

「不用擔心呀，人其實不需要這麼多錢的，夠用、開心就可以了。」

「也對，不用買名牌，也不用吃甚麼高檔的東西。」

「我吃竹輪也很高興，」她笑說：「最好加一塊雞扒。」

「然後，或許我們可以用一年的時間去嘗試，做自己真正想做的事。」

「好呀。」

「最多失敗了就做回老本行，起碼叫做嘗試過，輸也輸得心服口服。」

「哈哈，或許會成功呢。」她提起相機，拍下了遙遠的海平線。

眨眼間到了八月，旅程結束之後就開始做 H 集團的中期業績報告。

純白的房間，壞掉的中央冷氣還未更換，每天努力地排出沒有冷凍過的空氣。

做過一遍又一遍的底稿，像聽過百遍的單調樂章，枯燥、乏味。

接下來是 C 集團的中期業績報告，這個 booking 一直到十一月。

要是繼續做的話，大概也是成衣紙箱醫學美容燃氣和成衣的無限輪迴。

夠了，重複又重複的生活已經過得夠多，人生，應該浪費在其他更有意義的地方。

「你真的不做了嗎？不覺得可惜？」Bonnie 問，C 集團的中期業績項目做到一半，她偶爾會叫我們陪她午飯。

「不做了，再做下去也沒有意思。」我說，也沒有甚麼需要隱瞞。

「再做一年不是可以升經理了嗎？」

「哈哈，你自己不也是做到 senior 就走了嗎？現在的銜頭也是經理呀。」

「死仔，我也捱了很多年呀，你真的不考慮一下？多做一年就應該更容易找到更好的工作啊。」

「不考慮了，用了幾年時間來發現自己真的不適合做這一行，就已經足夠了。」

做審計，無論花多少時間多少心血，都只是在處理已經發生的事，一切都是過去式，我們的努力不過是專業地把一年內發生過的事整理成看不出破綻的報告。

無論怎樣，都不會有改變。

「再說，繼續做下去，繼續升職，繼續加人工也不過是繼續增加自己的機會成本，到了外邊找一份正常的工作，人工怎會這麼高？」我輕搖著水杯。

「說的也是，像我們公司，那班中國高層常常想減我們這邊的人工。」她吃掉最後一塊烤牛肉。

「哈哈，換句話說，給得出高人工也肯定不會是輕鬆的工作，那我不如留在這一行算了，要走就早一點，繼續拖下去只會令自己想走都走不了。」

「那麼你打算之後做甚麼？」侍應收起她的空盤子。

「大概會先休息一段時間，再慢慢計劃。」我沒有告訴她我另一個身份。

「裸辭嗎？你不怕其他公司不喜歡？」

「不會吧，至少我可以告訴那公司我面試之後就可以立即上班，似乎也是一種優勢。」我放下水杯讓侍應收走。

「哈哈，那祝你好運啦。」

考慮辭職可能要很長時間，但辭職只需要一秒。

某個人來人往的星期五，把最基本的辭職電郵透過看不到的電波送到老闆的郵箱之後，才感到甚麼是如釋重負。

身邊的人轉工的轉工、轉行的轉行，剩下的只有幾個經常把辭職掛在嘴邊但不會行動的人。

畢竟是捨不得辛苦建立的人脈，以及辛苦爭取回來的高人工，其實也能夠體諒。

加入一間公司大概有千百種理由，但決定離開往往只需要一個原因：

夠了。

做夠了。

受夠了。

忍夠了。

諸如此類。

　　如果發現自己已經到了忍無可忍的地步，那就遞上辭職信，然後找一份新的工作，就是這麼簡單。

　　遞信後的一個月和平時沒有太大分別，基本上也沒有人會挽留我這個常常數落公司文化的人，我自然也是樂得清靜。

　　反正很公平的，當我覺得公司內多半的老闆都很討厭時，自然也不會強求別人喜歡自己，大家做好自己的份內事，那就足夠了。

　　在最後一天的最後幾個小時裡要做的最後一件事，就是把載滿了公司資料的 USB 格式化。

格式化 10%，刪除了一些天真幻想和堅持。

格式化 34%，刪除了一些自以為是和衝動。

格式化 48%，刪除了一些迷失自我和怨恨。

格式化 62%，刪除了一些背叛出賣和虛偽。

格式化 99%，刪除了一些通宵達旦和悖動。

殘留下來的，就是空白的記憶體和新一頁的前路。

夜裡的港島商業區仍舊熙熙攘攘，像是這城市的脈搏，跳動川流。

多少人把青春和時間耗在這個五光十色的地方，從前有過的夢想折讓成心底裡不敢宣之於口的理想，而到頭來現實中的自己又和當初的想像相距多遠？

或許這也是無可奈何的事，因為付出和所得之間除了存在比例之外，似乎還放了一堆幸運和巧合。

再努力到最後，可能都只是徒然。

隨著電梯一級一級的下降，紀錄中的八千八百小時過去，以往的生活變成一幕幕回憶永久歸檔，大概一個故事的結束，同時是另一個故事的開始。

反正故事能夠寫到這裡，就證明即使緩慢，我至少是走在前進的路上。

附設

＊ 四大入職攻略

＊ 審計術語索引

記得我入大學時曾經對著大學門口那四條柱發誓，無論如何我都不會走四大這條路，沒想到才讀了兩年就單方面解除了這個誓約，當時的理由很簡單，我希望把自己的生命出租四五年，然後買回餘下的生活，便挑了這條簡單而明確的路。

於是，當時還說不出四大是哪四間的我便開始準備，準備跳進這個幾乎每個人都望而卻步的洪爐地獄。

第一步，當然是找 intern 來做，基本上四大每年都會收兩批實習生，如果有心加入四大，就不妨爭取一下實習的機會，早一點知道四大的環境也不是一件壞事。

然而，人生往往就是這個然而，先不討論你是否能夠得到一份實習生的合約，就算你曾經在四大實習過，也不代表你會得到 return offer，尤其是 P 記，基本上有否做過實習對後來的招聘沒有影響，而其餘三間也不過是免去了第一輪面試，不保證你會得到最後的聘書。

大學最後一年才剛開學我便開始應徵工作，畢竟四大的招聘程序是所有大公司當中最早開始的，大概到九、十月便截止報名，而最早的結果到十二月左右便會收到。

記得當時 HR 姐姐還跟我說：「好運的話就會收到 offer 當聖誕禮物喔。」

我猜四大的策略就是早早派出 offer 鎖定一班畢業生，減低他們找其他工作的意慾，不然在銀行 MT、各個政府部門及紀律部隊面前，有誰想做四大？

四大的招聘過程雖然各有不同，但其實大同小異，離不開上公司官網報工、做 aptitude test、group assessment、manager interview、partner interview，然後回家等消息。

每年這四間公司的招聘方式或許都有些微不同，例如幾年前 P 記和其餘三間一樣把不同的面試分開不同的日子，而 K 記亦要求職者到特定考場做那份出奇地難的 aptitude test，不過到近年 P 記弄出了一個 superday，從早到晚一天完成所有面試，而 K 記亦轉了有 source 可抄的網上 aptitude test，所以我不打算在這裡討論四大的招聘手段有甚麼攻略方法，反而，我想說說四大透過這些招聘手段想要物色怎樣的人。

首先是第一步，網上報工。

審計是一門極多死線的行業，不論是內部覆核的日子、交付文件給其他團體的日子，客戶公布業績的日子、報稅的日子，文件歸檔的日子……不同的死線可以把你的日程表填到滿得不能再滿，而且到別人提醒你的時候往往已經太遲。

應徵工作在公司的角度而言，也是其中一條不能錯過的死線，如果你連應徵的死線都可以錯過的話，自然不可能是四大需要的人，所以有心應徵的話就要留心每一間公司的公布，錯過了的就只能下年再來了。

假設你順利應徵，接下來的關卡大概就是 aptitude test，而這所謂的 ap test 通常會分成 verbal、numerical 和 logical 三種，作為考驗求職者基本的語文數理和邏輯能力的方法。

有人覺得會計就是面對數字的行業，只需要精於算術就能勝任，但在現實中，只要你懂得加減乘除就足以應付，因為審計的工作理論上是和會計準則為伍，了解條文背後制定的會計處理方法才是真正的重點，加上需要在不同的 working 中解釋客戶的情況，所以語文能力同樣不可或缺。

另一方面，在四大工作很多時都要靠自己去解決問題，例如拿出去年的 working 研究哪一個數加哪一個數除哪一個百分比會等於另一個數字，從而代入今年的數字去找出今年的答案，而我相信這就是 ap test 喜歡叫人在一系列的圖案排序中猜出下一個會出現的圖案是甚麼的原因。

記住，四大追求的是無論如何都能解決問題的人，你能夠獨自把 ap test 幹掉固然是好，但找同伴幫助做網上的 ap test，甚至找 source 也未嘗不可，畢竟放飛機以及如何在不被發現的情況下用各種違規的方法達到目標也是審計師的人生課題之一。

通過了 ap test，很快就會收到 group assessment 的通知，多數 group assessment 和 manager interview 都會同步進行。Group assessment 的類型不外乎是小組討論，討論的內容、結果、提案等等，老實說並不是最重要，重要的是在小組討論的過程中，你扮演著一個怎樣的角色。注意，我並不是指你可以在小組討論中胡言亂語，討論要認真做，意見要經過大腦才說出口，因為這也是構成「你」是甚麼人的要素。

在短短三四十分鐘內了解一個人幾乎是不可能的事，所以你更加要在這有限的時間內表現出自己具備那些四大要求的特質：有責任心、有一個能正常運作的腦袋、有團隊精神、懂得合作，簡而言之，他們想要的是一個好使好用的隊員多於一個領袖。

畢竟他們需要一個乖乖接受指令，在不合理的情況下都能默默把工作做好的人，只要好好和其他齒輪咬合在一起，讓公司這台巨大的機器能夠運作就足夠了，所以無論小組討論的題目是甚麼，記得做好一個隊員的角色，不妨搶著做幫忙計時的人，既可以表現為團隊貢獻的精神，又可以顯示自己是一個精於時間管理的人。

通過了第一輪面試，就來到最後一關：partner interview。

千萬別相信「有 partner in 等於有 offer」這句話，因為我見過太多栽倒在 partner in 這一關的例子。

Partner in 可以說是所有關卡中最難準備的一關，因為你根本不知道你會遇到哪一個 partner，也不會猜到他想問些甚麼，但記住，他們不會浪費時間做沒有意義的事，畢竟 partner 的一個鐘是很貴的，在那大約一小時的對話中，無論他問些甚麼奇怪的問題，他的目的都只是為了確認你是否適合這一行，或是這公司。

所以，給自己一個理由吧，一個非入行不可的理由，家庭原因也好、個人夙願也好、為錢為前途為理想也好，無論如何就算編也要編一個，就算要加班到失去健康朋友愛情家人、就算每天返朝十放朝四、就算案頭工作堆積如山臉上暗瘡血流成河都好，也一定要入行的理由，然後銘記於心，面試時有意無意間透露這份決心就足夠了。

而且，只要有這份非入行不可的決心，你自然會去尋找關於這一行的資料，例如如何成為會計師、要考甚麼試、有幾多份卷、分別考甚麼、要有多少年經驗之類，要是連這些都不知道的話，要如何說服你面前那位閱人無數的老闆，其實你真的想入行呢？

除了決心外，你是否有能力勝任這份工作？兩文三語是基本中的基本，抵抗壓力獨自工作更是最低要求，時事觸覺批判思考必須具備，團隊合作至高無上，而且你還要有耐性細心有條不紊，順便打聽一下四間公司最近期的

內部文化,到那些嚴重赤化的公司面試就要說得一口流利的普通話,到那自以為是四大中最強那一間面試時,請表現出無比的自信和霸氣,能夠從言行舉止字裡行間滲透出這些氣質,大概離開房間時已經帶走了半個 offer。

　　盡人事然後聽天命,要是衡量了利弊,還是決意要闖這一行的話,就做好準備吧。不過,要是你發現自己根本不具備以上提及的特質,就算你能夠在面試中靠著模仿來蒙混過關,到實際工作時你只會感到無限的煎熬和痛苦,所以,花一點時間想清楚,想不到的話就重新讀一次這本書,看看自己是否真的想過這種生活。

＊審計術語索引

《一個 Auditor 耗掉 8,800 小時的故事》

作者：	阿樹
出版經理：	謝文傑
設計及排版：	marimarichiu

出版： 星夜出版有限公司
網址： www.starrynight.com.hk
電郵： info@starrynight.com.hk

香港發行： 春華發行代理有限公司
地址： 九龍觀塘海濱道 171 號申新證券大廈 8 樓
電話： 2775 0388
傳真： 2690 3898
電郵： admin@springsino.com.hk

台灣發行： 永盈出版行銷有限公司
地址： 231 新北市新店區中正路 499 號 4 樓
電話： (02)2218-0701
傳真： (02)2218-0704

印刷： 嘉昱有限公司

圖書分類： 流行讀物／職場小說
出版日期： 2017 年 6 月初版
2020 年 4 月五刷
ISBN： 978-988-77904-2-6
定價： 港幣 108 元／新台幣 430 元